物理入門コース〔新装版〕 | 解析力学

物理入門コース［新装版］

An Introductory Course of Physics

ANALYTICAL MECHANICS

解析力学

小出昭一郎 著

岩波書店

物理入門コースについて

理工系の学生諸君にとって物理学は欠くことのできない基礎科目の１つである．諸君が理学系あるいは工学系のどんな専門へ将来進むにしても，その基礎は必ず物理学と深くかかわりあっているからである．専門の学習が忙しくなってからこのことに気づき，改めて物理学を自習しようと思っても，満足のゆく理解はなかなかえられないものである．やはり大学1～2年のうちに物理学の基本をしっかり身につけておく必要がある．

その場合，第一に大切なのは，諸君の積極的な学習意欲である．しかしまた，物理学の基本とは何であるか，それをどんな方法で習得すればよいかを諸君に教えてくれる良いガイドが必要なことも明らかである．この「物理入門コース」は，まさにそのようなガイドの役を果すべく企画・編集されたものであって，在来のテキストとはそうとう異なる編集方針がとられている．

物理学に関する重要な学科目のなかで，力学と電磁気学はすべての土台になるものであるため，多くの大学で早い時期に履修されている．しかし，たとえば流体力学は選択的に学ばれることが多いであろうし，学生諸君が自主的に学ぶのもよいと思われる．また，量子力学や相対性理論も大学２年程度の学力で読むことができるしっかりした参考書が望まれている．

編者はこのような観点から物理学の基本的な科目をえらんで，「物理入門コース」を編纂した．このコースは『力学』，『解析力学』，『電磁気学 I, II』，『量子力学 I, II』，『熱・統計力学』，『弾性体と流体』，『相対性理論』および『物理のための数学』の 8 科目全 10 巻で構成されている．このすべてが大学の 1, 2 年の教科目に入っているわけではないが，各科目はそれぞれ独立に勉強でき，大学 1 年あるいは 2 年程度の学力で読めるようにかかれている．

物理学のテキストには多数の公式や事実がならんでいることが多く，学生諸君は期末試験の直前にそれを丸暗記しようとするのが普通ではないだろうか．しかし，これでは物理学の基本を身につけるどころか，むしろ物理嫌いになるのが当然というべきである．このシリーズの読者にとっていちばん大切なことは，公式や事実の暗記ではなくて，ものごとの本筋をとらえる能力の習得であると私たちは考えているのである．

物理学は，ものごとのもとには少数の基本的な事実があり，それらが従う少数の基本的な法則があるにちがいないと考えて，これを求めてきた．こうして明らかにされた基本的な事実や法則は，ぜひとも諸君に理解してもらう必要がある．このような基礎的な理解のうえに立って，ものごとの本筋を諸君みずからの努力でたぐってゆくのが「物理的に考える」という言葉の意味である．

物理学にかぎらず科学のどの分野も，ものごとの本筋を求めているにはちがいないけれども，物理学は比較的に早くから発展し，基礎的な部分が煮つめられてきたので，1 つのモデル・ケースと見なすことができる．したがって，「物理的に考える」能力を習得することは，将来物理学を専攻しようとする諸君にとってばかりでなく，他の分野へ進む諸君にとっても大きなプラスになるわけである．

物理学の基礎的な概念には，時間，空間，力，圧力，熱，温度，光などのように，日常生活で何気なく使っているものが少なくない．日常わかったつもりで使っているこれらの概念にも，物理学は改めてややこしい定義をあたえ基本的な法則との関係をつける．このわずらわしさが，学生諸君を物理嫌いにするもう 1 つの原因であろう．しかし，基本的な事実と法則にもとづいてものごとの本筋をとらえようとするなら，たとえ日常的・感覚的にはわかりきったことであっても，いちいちその実験的根拠を明らかにし，基本法則との関係を問い直すことが必要である．まして私たちの日常体験を超えた世界——たとえば原子内部——を扱う場合には，常識や直観と一見矛盾するような新しい概念さえ必要になる．物理学は実験と観測によって私たちの経験的世界をたえず拡大してゆくから，これにあわせてむしろ常識や直観の方を改変することが必要なのである．

このように，ものごとを「物理的に考える」ことは，けっして安易な作業ではないが，しかし，正しい方法をもってすれば習得が可能なのである．本コースの執筆者の先生方には，とり上げる素材をできるだけしぼり，とり上げた内容はできるだけ入りやすく，わかりやすく叙述するようにお願いした．読者諸君は著者と一緒になってものごとの本筋を追っていただきたい．そのことを通じておのずから「物理的に考える」能力を習得できるはずである．各巻は比較的に小冊子であるが，他の本を参照することなく読めるように書かれていて，

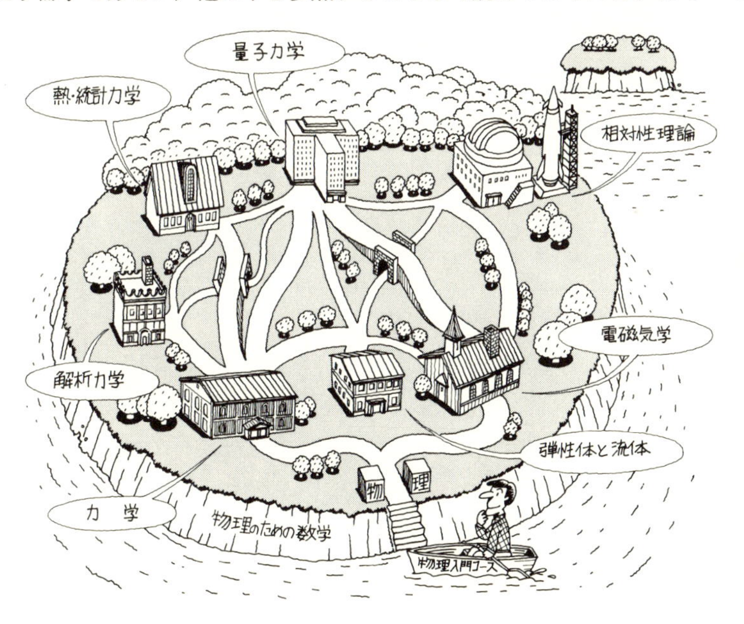

決して単なる物理学のダイジェストではない．ぜひ熟読してほしい．

すでに述べたように，各科目は一応独立に読めるように配慮してあるから，必要に応じてどれから読んでもよい．しかし，一応の道しるべとして，相互関係をイラストの形で示しておく．

絵の手前から奥へ進む太い道は，一応オーソドックスとおもわれる進路を示している．細い道は関連する巻として併読するとよいことを意味する．たとえば，『弾性体と流体』は弾性体力学と流体力学を現代風にまとめた巻であるが，『電磁気学』における場の概念と関連があり，場の古典論として『相対性理論』と対比してみるとよいし，同じ巻の波動を論じた部分は『量子力学』の理解にも役立つ．また，どの巻も数学にふりまわされて物理を見失うことがないように配慮しているが，『物理のための数学』の併読は極めて有益である．

この「物理入門コース」をまとめるにあたって，編者は全巻の原稿を読み，執筆者に種々注文をつけて再三改稿をお願いしたこともある．また，執筆者相互の意見，岩波書店編集部から絶えず示された見解も活用させていただいた．今後は読者諸君の意見もききながらなおいっそう改良を加えていきたい．

1982年8月

編者　戸田盛和
　　　中嶋貞雄

「物理入門コース／演習」シリーズについて

このコースをさらによく理解していただくために，姉妹篇として「演習」シリーズを編集した．

1. 例解　力学演習
2. 例解　電磁気学演習
3. 例解　量子力学演習
4. 例解　熱・統計力学演習
5. 例解　物理数学演習

各巻ともこのコースの内容に沿って書かれており，わかりやすく，使いやすい演習書である．この演習シリーズによって，豊かな実力をつけられることを期待する．(1991年3月)

はじめに

古典力学の基礎方程式は質点に対するニュートンの運動方程式$\boldsymbol{F}=m\boldsymbol{a}$である．惑星の運動や放物体のような場合にはこのままでよいが，もっと一般の力学系にこれを適用しようとするときには，いろいろな工夫をこらさないととうてい問題を解くことができない．そこで，「剛体」への応用については本コース第1巻の『力学』で，「流体」の扱い方については第8巻『弾性体と流体』で述べられているような方法が確立されたわけである．これに対し，本書で扱う解析力学というのは，剛体力学や流体力学のように扱う対象の性質による分類ではない．対象は一般的であるが，方法が「解析的」なのであり，系の運動を数学的にどう記述すると計算に便利か，ということに考察の重点が置かれる．

運動を記述するためには，時間の関数として変化する「座標」が必要である．解析力学でいちばん重要なことは，直交直線座標(デカルト座標)を離れて，できるだけ便利な変数を自由に選定することにある．それがラグランジュの一般化座標である．変数をそのように選んだ場合に，運動方程式はどんな形になるか．座標のとり方によって異なるその形を，問題ごとにいちいち考えて導き出すのははなはだわずらわしい．その手間を1回ですませ，万能で一般的な処方箋を提供してくれたのが，ラグランジュの運動方程式である．ラグランジュの方法が素晴しいのは，適当な座標を選びさえすれば，それからあとはまったく

「機械的に」計算を進めることができる点にある．物理学でもっともむずかしいことの1つは，自然現象を数式化するときに，どのような表わし方をしたらよいかということであろう．力学に関して，その難所をやすやすと通してくれるのが，ラグランジュの方法である．これこそ数学的手段による「思考の節約」の典型的な例であるとして，エルンスト・マッハが絶賛した(24ページ参照)のも当然である．

しかし，いくら機械的に使えばよいからといっても，中がまったくブラックボックスのコンピューターのように，わけもわからずに使うというのでは困るし，誤りもおかしやすい．本書の第1章の主目的は，ラグランジュの方程式がニュートンの方程式からどのようにして導き出されるかの説明である．これをしっかり理解したうえで，第2章でラグランジュの方程式の実例に触れてそれになじみ，自ら自由に使いこなせるようにすることが必要である．

このように実用に重きを置くラグランジュの力学にくらべると，第3章と第4章で展開される諸理論は，むしろ形式的な議論であって，力学の問題を解くという見地からすると，はなはだ実用性に乏しい．天文学の細かい計算には役立ったかもしれないが，そういう一部の専門的な場合を除くと，実利的な御利益はほとんどないといってよい．しかし，力学という学問体系の論理の骨組みを見なおし，古典力学と統計力学や量子力学との橋渡しをするうえで，このような考え方が歴史的にきわめて重要な役割を果たしたのである．その意味で，これから物理学をやや専門的に学ぼうとする人にとっては，一度は通っておかなければならない関門である．

最後の第5章では，話は再び具体的な問題に戻り，採用する方法も第1章と第2章で展開されたラグランジュの方程式である．読者は第3章と第4章をとばして，第2章から第5章へ進んでも，完全に理解できるようになっている．運動のなかでも非常に重要度の高い微小振動の一般論は，諸方面への応用も広いのであるから，工学や化学を志す読者も，第5章はぜひマスターしてほしい．なお最後の節では，連続体の振動にも少し触れておいた．

本書を執筆するにあたっては，このコースの趣旨に沿うよう，説明はなるべくわかりやすく，できるだけ具体的な例を用いてすることを心がけたつもりである．しかし何ぶんにも，具体的な物についてあれこれと物理的(physical)に考える労を省き，話をなるべくすっきりと数学的にさせよう，というのが，ラグランジュやオイラーが解析力学をつくった目的なのであるから，どうしても内容に形式的・数学的なことが多くなるのを避けるわけにはいかなかった．読者が『力学』だけですまさずに，『解析力学』にまで進むのは，そのような解析的方法に慣れたいという希望をもってのことだと思うので，この程度でお許しいただければ幸いである．「数学を使うのは思考の経済のため」というマッハの考え方は，文科系の人たちにはとんでもないといわれるかもしれないが，確かに正しいのである．また，ずい分抽象的と見える数式的表現も，慣れればそれなりに具体性を帯びてくる．慣れていない人には，地図ですら抽象的で，見ても何だかわからないものらしい！

ところどころに挿入したエピソードは科学史からとってきたものであるが，合理主義の結晶のような物理学をつくるに際して，西欧の人びとが「神」とどのように対決してきたかを知るのも面白いことだと思う．

本書の原稿を詳しく閲読し，いろいろと有益な御指示を下さった，本コースの編者の戸田盛和，中嶋貞雄両先生に，厚く感謝申し上げる．

1982年6月

小出昭一郎

目次

コーヒー・ブレイク

1

一般化座標とラグランジュの方程式

力学系の運動を記述するのに，直交直線座標（デカルト座標）よりも他の変数を使った方が便利なことがしばしばある．その場合に非常に役立つのがラグランジュの方程式である．ベクトルの成分への分け方などに頭を悩ませずに，機械的に方程式が立てられるからである．この便利で実用的な処方箋が，どのようにしてニュートンの運動方程式から導き出されるのかを調べるのが，本章の目的である．

1-1　平面極座標

いちばん簡単な，1個の質点の平面運動の場合から話を始めることにしよう．質点の位置を表わす最も普通の方法は**直交直線座標**(**デカルト座標**ともいう)を用いるやり方で，平面の場合なら x 軸と y 軸を定めればよい．そうすると，質量を m，力の x, y 成分をそれぞれ F_x, F_y として，ニュートンの運動方程式は

$$m\frac{d^2x}{dt^2} = F_x, \qquad m\frac{d^2y}{dt^2} = F_y \tag{1.1}$$

となる．力がポテンシャル $U(x, y)$ をもつ保存力なら

$$m\frac{d^2x}{dt^2} = -\frac{\partial U}{\partial x}, \qquad m\frac{d^2y}{dt^2} = -\frac{\partial U}{\partial y} \tag{1.2}$$

と表わされる．

よく知られた放物運動の場合には，特別な事情がないかぎり，座標軸は水平方向と鉛直方向にとるのが便利である．水平に x 軸，鉛直上向きに y 軸をとると，$U=mgy$ と表わされ，x を含まないから $F_x=0$ となり

$$m\frac{d^2x}{dt^2} = m\frac{dv_x}{dt} = 0 \quad \text{より} \qquad mv_x = \text{一定}$$

がただちに得られるからである．運動量 $\boldsymbol{p}$ を用いれば

$$\frac{d}{dt}p_x = 0 \quad \text{より} \qquad p_x = \text{一定}$$

が得られるということになる．

力が中心力の場合にはポテンシャルは原点(力の中心を原点にとる)と質点の**距離**

$$r = \sqrt{x^2+y^2} \tag{1.3}$$

だけの関数 $U(r)$ である．原点と質点とを結ぶ線分(**動径**という)の方向を示す角 θ には関係しない．このときの力は

$$F_x = -\frac{\partial U}{\partial x} = -\frac{dU}{dr}\frac{\partial r}{\partial x} = -\frac{dU}{dr}\frac{x}{r} = -\frac{dU}{dr}\cos\theta$$

$$F_y = -\frac{\partial U}{\partial y} = -\frac{dU}{dr}\frac{\partial r}{\partial y} = -\frac{dU}{dr}\frac{y}{r} = -\frac{dU}{dr}\sin\theta$$

となって一般には F_x も F_y も存在する(図 1-1)．しかし力 $\boldsymbol{F}$ を動径方向とそれに垂直な方向に分けた成分については

$$\begin{aligned} F_r &= F_x\cos\theta + F_y\sin\theta = -\frac{dU}{dr} \\ F_\theta &= -F_x\sin\theta + F_y\cos\theta = 0 \end{aligned} \tag{1.4}$$

となって $F_\theta=0$ である．$F_x=0$ から $p_x=$一定 がすぐに求められたように，$F_\theta=0$ からは何が導けるのであろうか．つぎの 1-2 節でも述べるように，加速度 $\boldsymbol{a}$ の成分は

$$a_r = \ddot{r} - r\dot{\theta}^2, \qquad a_\theta = 2\dot{r}\dot{\theta} + r\ddot{\theta}$$

となるので，$F_\theta = ma_\theta = 0$ から

$$\frac{d}{dt}(r^2\dot{\theta}) = 2r\dot{r}\dot{\theta} + r^2\ddot{\theta} = r(2\dot{r}\dot{\theta} + r\ddot{\theta}) = 0$$

すなわち

$$r^2\dot{\theta} = rv_\theta = \text{一定} \tag{1.5}$$

が導かれる(図 1-2)．これが **面積速度**($=rv_\theta/2$)**一定** の原理を表わしていることは第 1 巻『力学』4-3 節に述べられているとおりである．こうして θ 成分に関する運動方程式の積分が 1 回できたわけで，この (1.5) を使えば動径成分の運動方程式 $ma_r=F_r$ から $\dot{\theta}$ が消去できて，r と t だけの微分方程式が得られる．

運動方程式から運動をきめるには積分が必要であるが，一般にそれは容易で

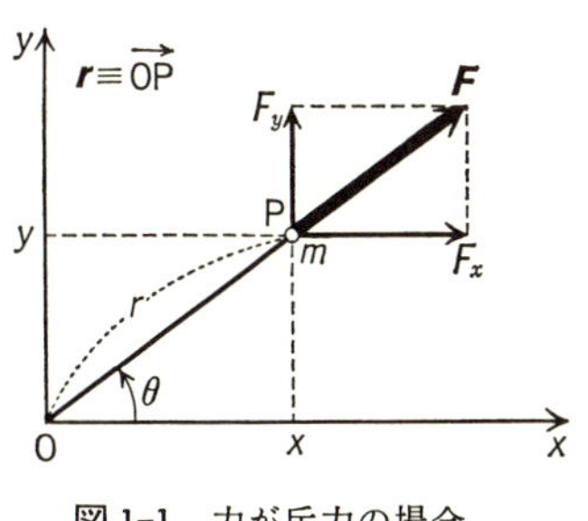

図 1-1　力が斥力の場合．

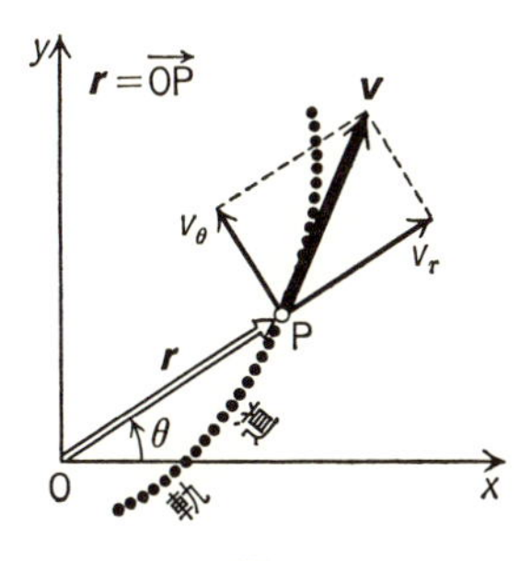

図 1-2

ない．複数の変数(x と y あるいは r と θ など)が互いにからみ合っていることが多いからである．それらをできるだけ分離し，しかも方程式のうちのなるべく多数を $d(\cdots)/dt=0$ という形に表わすことができれば，積分はただちにできることになる．そういうことのために，デカルト座標でも座標軸のとり方に気をくばる必要があるし，中心力ならば極座標を用いたほうがよいわけである．

さらに，運動のなかには，ある平面に沿ってとか，球面上で，といったように束縛条件を課せられたものが多い．それについては第2章で詳しく論じるが，以上のような理由でこれからデカルト座標以外のものを使うための準備として，ここでまず平面極座標をやや詳しく調べることにする．

2次元の場合，デカルト座標は普通の方眼紙に対応している．「$y=$定数」は x 軸に平行な直線を表わす．この定数を少しずつ(例えば1mm ずつ)変えて，そのたびに直線を引けば，間隔が1mm の平行直線群が得られる．同様に「$x=$定数」は y 軸に平行な直線群をつくる．こうして作ったのが方眼紙であり，位置を指定するのに，mm までの精度でよいなら，横の何本目の線と縦の何本目の線の交点と言えばよいわけである．京都や札幌の都市計画はこのような考え方で立てられており，東西と南北の街路名によって，位置が指定できるようになっている．京都市の四条河原町は四条通りと河原町通りの交差点で，京都随一の繁華街である．

これに対し，東京の都市計画ははなはだ不完全であるが，平面極座標的になっている．主要な街路は，皇居を中心にして，内側から環状1号，2号，…と番号づけられた同心円的な道路群と，放射1号，2号，…と名づけられた中心

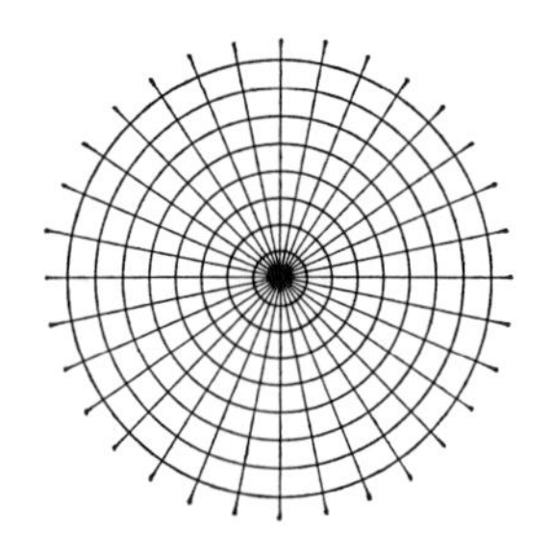

図 1-3

から郊外へ向かう放射状道路群とから成り立っている．これに対応する「方眼紙」は図1-3のようなものである．同心円は「$r=$定数」の定数を少しずつ変えて描いたものであり，放射状の半直線はいろいろな値に対する「$\theta=$定数」に対応している．

この場合，「$\theta=$定数」は(半)直線であるが，「$r=$定数」は円であって，曲がっている．ただし，これらの直線群と曲線群はすべて互いに直交している．それで，平面極座標は**直交曲線座標**と呼ばれるものの一つである．

平面極座標 r, θ を用いるときには，ベクトルなどは放射線方向(r 方向)と同心円方向(θ 方向)とに分解すると便利である．微小変位 $d\boldsymbol{r}$ も，そのように分けると

$$(d\boldsymbol{r})_r = dr, \qquad (d\boldsymbol{r})_\theta = rd\theta \tag{1.6}$$

ということになる．r は長さのディメンションをもつのに対し θ は角(ラジアン)で無名数であるから，dr と $d\theta$ は同格でなく，一方は dr だけなのに他方は $rd\theta$ となって差がついている．

微小面積(面積素片)も，図1-3の「方眼紙」のマス目のようにとる．放射線沿いに dr，同心円沿いに $rd\theta$ をとると，これらが微小であるため，これらを2辺とする長方形として

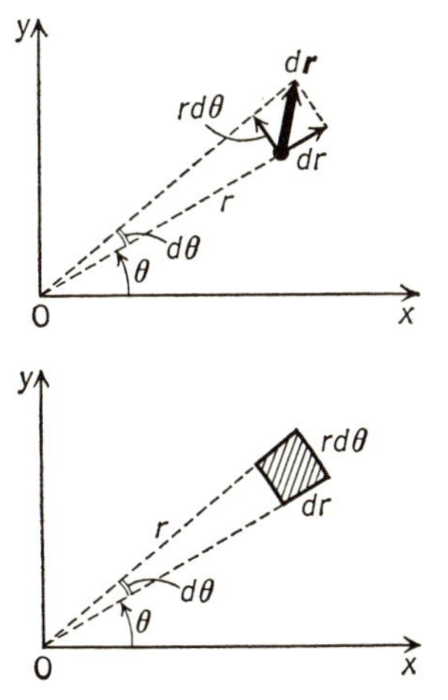

図1-4 微小変位 $d\boldsymbol{r}$ と微小面積．

$$微小面積 = rdrd\theta \tag{1.7}$$

とすればよい．平面極座標でデカルト座標のときの $dxdy$ に対応するのは，<u>$drd\theta$ ではなくて $rdrd\theta$</u> であることを忘れてはいけない．(数学に詳しい読者は，(x, y) から (r, θ) への変換 $x=r\cos\theta$，$y=r\sin\theta$ のときのヤコビアンが $\partial(x, y)/\partial(r, \theta)=r$ であることを使ってもよい．)

任意のベクトル $\boldsymbol{V}$ を r 方向と θ 方向に分解した場合に，それと V_x, V_y との関係は，図 1-5 からすぐわかるように

$$\begin{aligned} V_r &= V_x\cos\theta + V_y\sin\theta \\ V_\theta &= -V_x\sin\theta + V_y\cos\theta \end{aligned} \tag{1.8}$$

逆は

$$\begin{aligned} V_x &= V_r\cos\theta - V_\theta\sin\theta \\ V_y &= V_r\sin\theta + V_\theta\cos\theta \end{aligned} \tag{1.9}$$

で与えられる．これらはこの章でこれからしばしば使用する関係式である．

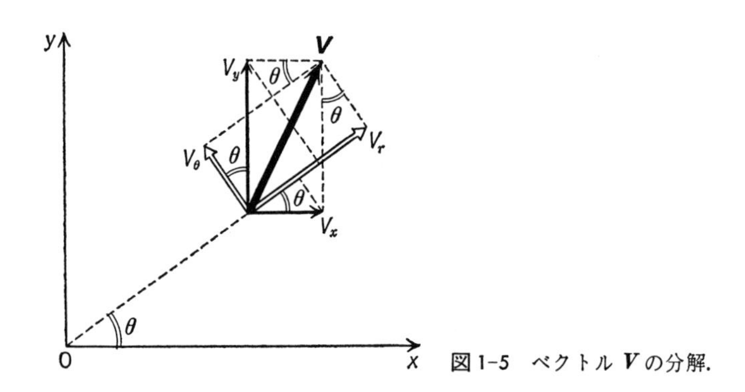

図 1-5　ベクトル $\boldsymbol{V}$ の分解.

1-2　平面極座標による運動方程式

以上を準備とし，復習を兼ねて，平面極座標による運動の扱い方をふり返ってみよう．基本はニュートンの運動方程式 $m\boldsymbol{a}=\boldsymbol{F}$ であるから，加速度 $\boldsymbol{a}$ を r と θ——ともに時間 t の関数である——で表わすことが必要となる．

まず速度

$$v = \frac{d\boldsymbol{r}}{dt}$$

から考える．微小変位 $d\boldsymbol{r}$ を(1.6)のように分解し，これにスカラー $1/dt$ を掛けたものが v_r と v_θ であるから

$$v_r = \frac{dr}{dt}, \qquad v_\theta = r\frac{d\theta}{dt} \tag{1.10}$$

がただちにわかる．ニュートン流の略号で書けば

$$v_r = \dot{r}, \qquad v_\theta = r\dot{\theta} \tag{1.10$'$}$$

となる．これをもう少し「まっ正直」にやると，つぎのようになる．

$$x = r\cos\theta, \qquad y = r\sin\theta$$

を t で微分する．r も θ も t の関数であるから

$$\begin{aligned}\frac{dx}{dt} &= \frac{dr}{dt}\cos\theta + r\frac{d}{dt}\cos\theta \\ &= \frac{dr}{dt}\cos\theta + r\frac{d\theta}{dt}\frac{d}{d\theta}\cos\theta \\ &= \frac{dr}{dt}\cos\theta + r\frac{d\theta}{dt}(-\sin\theta)\end{aligned}$$

略号で

$$\dot{x} = \dot{r}\cos\theta - r\dot{\theta}\sin\theta \tag{1.11 a}$$

同様にして

$$\dot{y} = \dot{r}\sin\theta + r\dot{\theta}\cos\theta \tag{1.11 b}$$

これらを，ベクトルの変換式(1.9)と見くらべれば，$\dot{x}=v_x$，$\dot{y}=v_y$ であることから，ただちに(1.10′)がわかる．

加速度は，正直にやるより仕方がない．(1.11 a, b)をもう一度 t で微分すると

$$\begin{aligned}\ddot{x} &= (\ddot{r}-r\dot{\theta}^2)\cos\theta - (2\dot{r}\dot{\theta}+r\ddot{\theta})\sin\theta \\ \ddot{y} &= (\ddot{r}-r\dot{\theta}^2)\sin\theta + (2\dot{r}\dot{\theta}+r\ddot{\theta})\cos\theta\end{aligned} \tag{1.12}$$

が得られる(計算は自ら試みること)．$\ddot{x}=a_x$，$\ddot{y}=a_y$ であるから，(1.9)式と比較することによって

$$a_r = \ddot{r} - r\dot{\theta}^2, \qquad a_\theta = 2\dot{r}\dot{\theta} + r\ddot{\theta} \tag{1.13}$$

がわかる．

ここで注意しなくてはいけないのは，(1.10) あるいは (1.10′) を t で微分したものがそのまま a_r, a_θ にはならないという点である．

$$a_r \neq \frac{dv_r}{dt}, \qquad a_\theta \neq \frac{dv_\theta}{dt}$$

その理由は，θ が t の関数であるため r 方向や θ 方向というのが空間に固定した方向ではなく運動とともに変化しているからであって，曲線座標の使用に伴う困難の 1 つがここにある．この面倒をうまく回避できるのが，ラグランジュの方法なので，そのために今しばらくの辛抱が読者に要求されるのである．

さて，ニュートンの運動方程式 $m\boldsymbol{a}=\boldsymbol{F}$ を，r 成分と θ 成分に分けて書けば，

$$m(\ddot{r}-r\dot{\theta}^2) = F_r, \qquad m(2\dot{r}\dot{\theta}+r\ddot{\theta}) = F_\theta \tag{1.14}$$

となり，あとは F_r, F_θ の形によって解き方を工夫することになる．中心力の場合には $F_r=F(r)$，$F_\theta=0$ であるから，(1.14) の第 2 式は

$$m(2\dot{r}\dot{\theta}+r\ddot{\theta}) = 0$$

となるが，左辺を変形すると

$$\frac{1}{r}\frac{d}{dt}(mr^2\dot{\theta}) = 0 \tag{1.15 a}$$

と書きなおせるので，これから

$$mr^2\dot{\theta} = 一定 \tag{1.15 b}$$

つまり (1.5) 式 $mrv_\theta=$一定 が出てくるわけである．

$F(r)$ に具体的な形——例えば万有引力——を入れた場合の解き方については，すでに『力学』(97–124 ページ) で述べられているから，ここではくり返さないことにする．

1-3　平面極座標の場合の一般化力

質点の平面運動をデカルト座標で扱うとどういうことになっているであろうか．運動量 $\boldsymbol{p}$ というものを

$$p_x = m\dot{x}, \qquad p_y = m\dot{y}$$

で定義すれば，運動方程式は

$$\frac{d}{dt}p_x = F_x, \qquad \frac{d}{dt}p_y = F_y \tag{1.16}$$

と書かれる．左辺は ma_x, ma_y と同じであるが，ニュートンが力学の出発点としたのは(1.16)の形であった．衝突の際の保存則などが示すように，速度よりも運動量のほうがより基本的な量なのであり，(1.16)のほうが $\boldsymbol{ma}=\boldsymbol{F}$ よりも一般性が広い表現なのである．

ところで，その p_x と p_y は，運動のエネルギー

$$T = \frac{1}{2}m(\dot{x}^2+\dot{y}^2)$$

から

$$p_x = \frac{\partial T}{\partial \dot{x}}, \qquad p_y = \frac{\partial T}{\partial \dot{y}} \tag{1.17 a}$$

によって導かれる量である．したがって(1.16)式は

$$\frac{d}{dt}\left(\frac{\partial T}{\partial \dot{x}}\right) = F_x, \qquad \frac{d}{dt}\left(\frac{\partial T}{\partial \dot{y}}\right) = F_y \tag{1.17 b}$$

と書いてもよいことがわかる．

(x, y) の代りに (r, θ) を用いたとき，これに対して(1.17 b)と同様な式が成立するかどうか調べよう．運動エネルギーは，(1.10′)を使えば

$$T = \frac{1}{2}m(\dot{r}^2+r^2\dot{\theta}^2) \tag{1.18}$$

と書かれることがわかるから，(1.17 a)に対応する量としては

$$\frac{\partial T}{\partial \dot{r}} = m\dot{r}, \qquad \frac{\partial T}{\partial \dot{\theta}} = mr^2\dot{\theta} \tag{1.19}$$

という 2 つが出てくる．したがって，(1.14)により

$$\frac{d}{dt}\left(\frac{\partial T}{\partial \dot{r}}\right) = F_r+mr\dot{\theta}^2 \tag{1.20 a}$$

$$\frac{d}{dt}\left(\frac{\partial T}{\partial \dot{\theta}}\right) = rF_\theta \tag{1.20 b}$$

となることがわかる.

(1.20 a)には F_r のほかに $mr\dot{\theta}^2$ という見かけの力(遠心力)が現われており，(1.20 b)の右辺は F_θ でなく rF_θ になっている．角 θ は長さのディメンションをもたないので $\dot{\theta}$ のディメンションも速度のそれではないから，(1.20 b)の左辺は力のディメンションをもっていない．したがって右辺に F_θ があったらそのほうがおかしいことになる．同様なことは微小変位 $d\boldsymbol{r}$ を行なったときに力 $\boldsymbol{F}$ のする仕事

$$\boldsymbol{F}\cdot d\boldsymbol{r} = F_x dx + F_y dy$$

を書きなおしたときにも生じる．スカラー積の定義から

$$\boldsymbol{F}\cdot d\boldsymbol{r} = F_r(d\boldsymbol{r})_r + F_\theta(d\boldsymbol{r})_\theta$$

となるが，(1.6)によりこれは

$$\boldsymbol{F}\cdot d\boldsymbol{r} = F_r dr + F_\theta r d\theta$$

と表わされる．微小仕事を

$$\boldsymbol{F}\cdot d\boldsymbol{r} = Q_r dr + Q_\theta d\theta \tag{1.21}$$

と書いて，Q_r, Q_θ をそれぞれ座標 r, θ に対する**一般化力**(generalized force)と呼ぶのであるが，上の式から

$$Q_r = F_r, \qquad Q_\theta = rF_\theta \tag{1.22}$$

となり，(1.20 b)の右辺に出てきたのはまさにこの Q_θ であることがわかる.

そうすると，(1.20 b)は

$$\frac{d}{dt}\left(\frac{\partial T}{\partial \dot{\theta}}\right) = Q_\theta$$

ということになるが，(1.20 a)のほうは余計な $mr\dot{\theta}^2$ の項が残り，単純に Q_r とはおけない．次節の一般論からわかるように，この項は T が $\dot{r}$ と $\dot{\theta}$ のほかに r を含むので

$$\frac{\partial T}{\partial r} = mr\dot{\theta}^2$$

となることによって出てくるのである．T は θ を含まないから $\partial T/\partial\theta = 0$ とな

り，Q_θ には余分な項はつかない．以上により，r と θ についての運動方程式は

$$\frac{d}{dt}\left(\frac{\partial T}{\partial \dot{r}}\right)-\frac{\partial T}{\partial r}=Q_r \tag{1. 23 a}$$

$$\frac{d}{dt}\left(\frac{\partial T}{\partial \dot{\theta}}\right)-\frac{\partial T}{\partial \theta}=Q_\theta \tag{1. 23 b}$$

と表わされることがわかる．形式をそろえるため(1. 23 b)の左辺に第2項をつけ加えてあるが，これは今の場合0である．

以上，平面極座標の場合の運動方程式を変形して(1. 23 a, b)を得た．次節ではこれを一般化することを考える．

1-4　一般化座標と一般化力

デカルト座標で N 個の質点からなる質点系を記述するときには

$$\begin{cases} \text{座標(位置)}:\ x_1, y_1, z_1, x_2, y_2, z_2, \cdots, x_N, y_N, z_N \\ \text{速度の成分}:\ \dot{x}_1, \dot{y}_1, \dot{z}_1, \dot{x}_2, \dot{y}_2, \dot{z}_2, \cdots, \dot{x}_N, \dot{y}_N, \dot{z}_N \\ \text{運動量の成分}:\ p_{1x}, p_{1y}, p_{1z}, p_{2x}, p_{2y}, p_{2z}, \cdots, p_{Nx}, p_{Ny}, p_{Nz} \end{cases}$$

が用いられ，運動エネルギーは

$$T=\sum_{i=1}^{N}\frac{1}{2}m_i(\dot{x}_i{}^2+\dot{y}_i{}^2+\dot{z}_i{}^2)$$

$$=\sum_{i=1}^{N}\frac{1}{2m_i}(p_{ix}{}^2+p_{iy}{}^2+p_{iz}{}^2)$$

と表わされる．x, y, z 成分は互いに同等の資格を持ち，3個1組でベクトルを形成し，ディメンションは共通である．

しかし，以下でこれらを扱うのに，いちいち3個ずつを区別してひとまとめにする必要はないので，座標，速度の成分，運動量の成分の $3N$ 個に，それぞれ通し番号をつけることにする．

$$\begin{cases} \text{座標}:\ x_1, x_2, x_3, \cdots, x_{3N-2}, x_{3N-1}, x_{3N} \\ \text{速度の成分}:\ \dot{x}_1, \dot{x}_2, \dot{x}_3, \cdots, \dot{x}_{3N-2}, \dot{x}_{3N-1}, \dot{x}_{3N} \\ \text{運動量の成分}:\ p_1, p_2, p_3, \cdots, p_{3N-2}, p_{3N-1}, p_{3N} \end{cases}$$

つまり新しい x_3 はもとの z_1 であり，新しい $\dot{x}_{3N-1}$ はもとの $\dot{y}_N$ のことである．

質量も $m_1, m_2, m_3, \cdots, m_{3N}$ と書くことにするが，新しい m_1, m_2, m_3 はすべてもとの m_1 に等しく，新しい m_4, m_5, m_6 はもとの m_2 に等しい，というように定める．

そうすると，運動エネルギーは，$n=3N$ として

$$T = \sum_{i=1}^{n} \frac{1}{2} m_i \dot{x}_i^2 = \sum_{i=1}^{n} \frac{1}{2m_i} p_i^2 \tag{1.24}$$

のように簡単に表わすことが可能になる．前節で扱った平面運動は，これで $n=2$ とした場合だと思えばよい．

中心力場内の質点を記述するのに，デカルト座標 x_1, x_2 (x, y のこと) よりも r と θ が便利であったように，一般の質点系でもそのようなことはしばしばおこる．2個の原子が結びついてできている2原子分子で，原子を質点として扱う場合を例にとると，重心のデカルト座標 X, Y, Z，2原子間の距離 R，2原子を結ぶ直線(分子軸という)の方向を示す角 θ と ϕ(図1-6を参照)を用いると便利である．

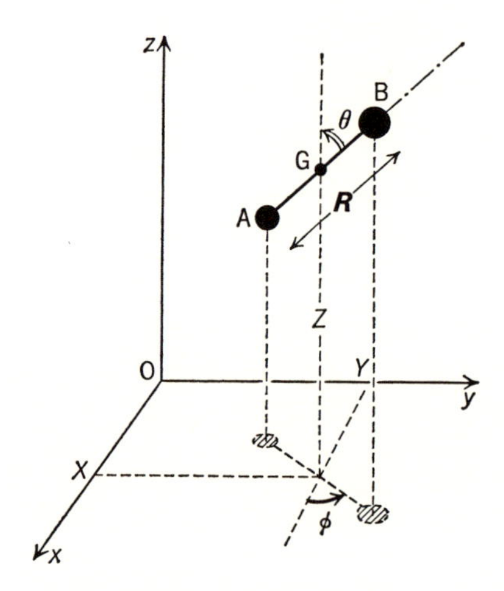

図1-6

例題1　X, Y, Z, R, θ, ϕ を $x_A, y_A, z_A, x_B, y_B, z_B$ で表わすとどうなるか．

[解]

$$X = \frac{m_A x_A + m_B x_B}{m_A + m_B}, \qquad Y = \frac{m_A y_A + m_B y_B}{m_A + m_B}$$

$$Z = \frac{m_A z_A + m_B z_B}{m_A + m_B}$$

$$R = \sqrt{(x_B - x_A)^2 + (y_B - y_A)^2 + (z_B - z_A)^2}$$

$$\theta = \cos^{-1}\frac{z_B - z_A}{R} \quad (R\text{には上記を代入})$$

$$\phi = \tan^{-1}\frac{y_B - y_A}{x_B - x_A}$$ ∎

問題 1 例題と逆に，$x_A, y_A, \cdots, z_B$ を X, Y, Z, R, θ, ϕ で表わし，運動エネルギーが

$$T = \frac{M}{2}(\dot{X}^2 + \dot{Y}^2 + \dot{Z}^2) + \frac{\mu}{2}\{\dot{R}^2 + (R\dot{\theta})^2 + (R\dot{\phi})^2 \sin^2\theta\} \tag{1.25}$$

となることを示せ．ただし，$M = m_A + m_B$ は分子の全質量，

$$\mu = \frac{m_A m_B}{m_A + m_B}$$

は換算質量である．

この例のように，デカルト座標に代って質点系のすべての質点の位置を指定するのに用いられる変数を**一般化座標** (generalized coordinate) という．それを今後は記号の $q_1, q_2, q_3, \cdots, q_n$ で表わすことにする．そうすると，これら 2 組の座標は，上の例題や問題で調べたような関数関係で結ばれていることになる．

いま，もとのデカルト座標 $x_1, x_2, \cdots, x_n$ を一般化座標 $q_1, q_2, \cdots, q_n$ の関数として表わしたものを

$$\begin{aligned} x_1 &= x_1(q_1, q_2, \cdots, q_n) \\ x_2 &= x_2(q_1, q_2, \cdots, q_n) \\ &\cdots\cdots\cdots\cdots\cdots \\ x_n &= x_n(q_1, q_2, \cdots, q_n) \end{aligned} \tag{1.26}$$

とする．右辺の $x_1, x_2, \cdots$ は本来なら $f_1, f_2, \cdots$ のように書くべきであろうが，それではかえってわずらわしいので，このような記法をとることにする．$x_1, x_2, \cdots, x_n$ は t の関数であるが，上の式では $q_1, q_2, \cdots, q_n$ が t の関数なので，これらを通じて t に依存しているとみなすのである．そうすると，これらを t で微分したものは

$$\dot{x}_i = \frac{\partial x_i}{\partial q_1}\dot{q}_1 + \frac{\partial x_i}{\partial q_2}\dot{q}_2 + \cdots + \frac{\partial x_i}{\partial q_n}\dot{q}_n \qquad (i=1, 2, \cdots, n)$$

あるいは

$$\dot{x}_i = \sum_{j=1}^{n} \frac{\partial x_i}{\partial q_j}\dot{q}_j \qquad (i=1, 2, \cdots, n) \tag{1.27}$$

となる．平面極座標なら(1.11 a), (1.11 b)がその具体的な形である．$\dot{x}_i$ は $\dot{q}_1, \dot{q}_2, \cdots, \dot{q}_n$ の1次関数であるが，その係数 $\partial x_i/\partial q_j$ は，平面極座標の例でも明らかなように，一般には $q_1, q_2, \cdots, q_n$ の関数である．$q_1, q_2, \cdots, q_n$ が直交直線座標のときには，係数は定数になる．

このように，$\dot{x}_i$ は $q_1, q_2, \cdots$ と $\dot{q}_1, \dot{q}_2, \cdots$ の両方に依存するので

$$\dot{x}_i = \dot{x}_i(q_1, q_2, \cdots, q_n, \dot{q}_1, \dot{q}_2, \cdots, \dot{q}_n)$$

のように書けるが，(1.27)が示すようにこれは $\dot{q}_1, \dot{q}_2, \cdots$ については1次なので，(1.27)から

$$\frac{\partial \dot{x}_i}{\partial \dot{q}_j} = \frac{\partial x_i}{\partial q_j} \tag{1.28}$$

ということがわかる．左辺の偏微分係数の意味は，$\dot{x}_i$ を $2n$ 個の変数 $q_1, q_2, \cdots, q_n, \dot{q}_1, \dot{q}_2, \cdots, \dot{q}_n$ の関数とみたとき，$\dot{q}_j$ 以外をすべて定数のように考えて $\dot{q}_j$ で微分して得られる導関数ということである．(1.28)は以下でしばしば利用する．

問題2　(1.28)式を平面極座標の場合について確かめよ．

いま，質点系の各質点が微小な変位をして，$q_1, q_2, \cdots, q_n$ がそれぞれ $dq_1, dq_2, \cdots, dq_n$ だけ変化したものとする．これによる $x_i = x_i(q_1, q_2, \cdots, q_n)$ の変化は

$$\begin{aligned} dx_i &= \frac{\partial x_i}{\partial q_1}dq_1 + \frac{\partial x_i}{\partial q_2}dq_2 + \cdots + \frac{\partial x_i}{\partial q_n}dq_n \\ &= \sum_{j=1}^{n} \frac{\partial x_i}{\partial q_j}dq_j \end{aligned} \tag{1.29}$$

で与えられる．(この変位が微小時間 dt のあいだにおこった変化であるとして，この式の両辺を dt で割ったものが(1.27)式である.)　各質点に働いている力の，もとの直交直線座標で表わした成分を，$F_1, F_2, \cdots, F_n$ としよう．そうすると，上記の変位に際してこれらの力のする仕事は

$$\delta' W = F_1 dx_1 + F_2 dx_2 + \cdots + F_n dx_n$$
$$= \sum_{i=1}^{n} F_i dx_i \tag{1.30}$$

で与えられる．これに(1.29)を代入すると

$$\delta' W = \sum_{i=1}^{n} \sum_{j=1}^{n} F_i \frac{\partial x_i}{\partial q_j} dq_j$$

となるが，iに関する和をさきに行なって

$$\boxed{Q_j \equiv \sum_{i=1}^{n} F_i \frac{\partial x_i}{\partial q_j}} \tag{1.31}$$

とおくと，

$$\boxed{\delta' W = \sum_{j=1}^{n} Q_j dq_j} \tag{1.32}$$

となる．具体例の1つはすでに(1.21)に示しておいた．このQ_jのことを，一般化座標q_jに対する**一般化力**と呼ぶ．

$\delta' W$は仕事のディメンション(＝エネルギーのディメンション)を持つから，Q_jは［仕事］÷［q_j］のディメンションを持つことになる．q_jが長さのディメンションを持つときにはQ_jは力のディメンションをもつ量になるが，一般にはQ_jは必ずしも力のディメンションを持つとは限らない．平面極座標の場合のQ_θはその一例である．

例題2　3次元の極座標r, θ, ϕに対する一般化力を求めること．とくに力が

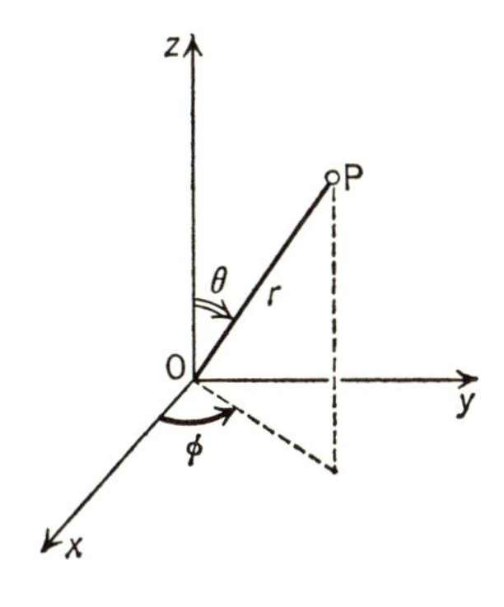

図1-7

中心力の場合はどうか.

[解] $x=r\sin\theta\cos\phi$, $y=r\sin\theta\sin\phi$, $z=r\cos\theta$ であるから

$$\begin{cases} dx = \sin\theta\cos\phi\,dr + r\cos\theta\cos\phi\,d\theta - r\sin\theta\sin\phi\,d\phi \\ dy = \sin\theta\sin\phi\,dr + r\cos\theta\sin\phi\,d\theta + r\sin\theta\cos\phi\,d\phi \\ dz = \cos\theta\,dr - r\sin\theta\,d\theta \end{cases}$$

したがって

$$\begin{cases} Q_r = F_x\sin\theta\cos\phi + F_y\sin\theta\sin\phi + F_z\cos\theta \\ Q_\theta = F_x r\cos\theta\cos\phi + F_y r\cos\theta\sin\phi - F_z r\sin\theta \\ Q_\phi = -F_x r\sin\theta\sin\phi + F_y r\sin\theta\cos\phi \ (=xF_y - yF_x) \end{cases}$$

となる. Q_ϕ は力のモーメントの z 成分になっている. とくに力が中心力ならば, 動径方向に $F(r)$ という力になるから

$$F_x = F(r)\sin\theta\cos\phi$$

$$F_y = F(r)\sin\theta\sin\phi$$

$$F_z = F(r)\cos\theta$$

と書くことができる. これを上の式に入れれば

$$Q_r = F(r), \qquad Q_\theta = Q_\phi = 0$$

と簡単になる. ▌

力がポテンシャル U を持つ保存力の場合には, 定義によりデカルト座標では

$$F_i = -\frac{\partial U}{\partial x_i} \tag{1.33}$$

と表わされる. これを(1.31)の右辺に代入すると

$$Q_j = -\sum_{i=1}^{n}\frac{\partial U}{\partial x_i}\frac{\partial x_i}{\partial q_j}$$

となるが, これは, $U(x_1, x_2, \cdots, x_n)$ の $x_1, x_2, \cdots, x_n$ を(1.26)で表わすと U が $q_1, q_2, \cdots, q_n$ の関数に書きなおされるが, そうしてできた U を q_j で微分したときの式(合成関数の微分法)

$$\frac{\partial U}{\partial q_j} = \sum_{i=1}^{n}\frac{\partial x_i}{\partial q_j}\frac{\partial U}{\partial x_i}$$

に負号をつけたものにほかならない. つまり

$$\boxed{Q_j = -\frac{\partial U}{\partial q_j}} \qquad (1.34)$$

である．これは(1.33)と形式的に全く同じ式になっており，q_j が長さのディメンションを持とうが持つまいが，そんなことに頓着せずに使ってよい式である．

中心力のポテンシャルは r だけの関数であるから，3次元の極座標では $Q_\theta = Q_\phi = 0$，$Q_r = -\partial U/\partial r$ である．また12ページの2原子分子で，R だけの関数で与えられるポテンシャル $U(R)$ から得られる原子間力のみを考えればよいときには，

$$Q_R = -\frac{\partial U}{\partial R}, \qquad Q_X = Q_Y = Q_Z = Q_\theta = Q_\phi = 0$$

ということになる．

1-5 ラグランジュの運動方程式

2次元直交直線座標の場合に，運動エネルギー T から運動量の成分を導く式は(1.17 a)である．これを拡張して，一般化座標 $q_1, q_2, \cdots, q_n$ で記述する場合に，これらのそれぞれに共役（きょうやく）な**一般化運動量**(generalized momentum) $p_1, p_2, \cdots, p_n$ を

$$\boxed{p_i = \frac{\partial T}{\partial \dot{q}_i}} \qquad (1.35)$$

によって定義する．

例えば，3次元の極座標 r, θ, ϕ を考えよう．この場合に図1-3(4ページ)に対応するのは，原点を中心とした多数の同心球(r=定数)，原点を頂点とし z 軸を軸とする多数の円錐面(θ=定数)，z 軸を縁とする多数の半平面(ϕ=定数)で細かく刻まれた3次元空間である．これらの曲面群の交線は互いに直交するから，(r, θ, ϕ) は直交曲線座標の一つである．刻まれた空間の一細片をとると図1-8のような直方体になっており，r の増す方向に dr，θ の増す方向に $rd\theta$，

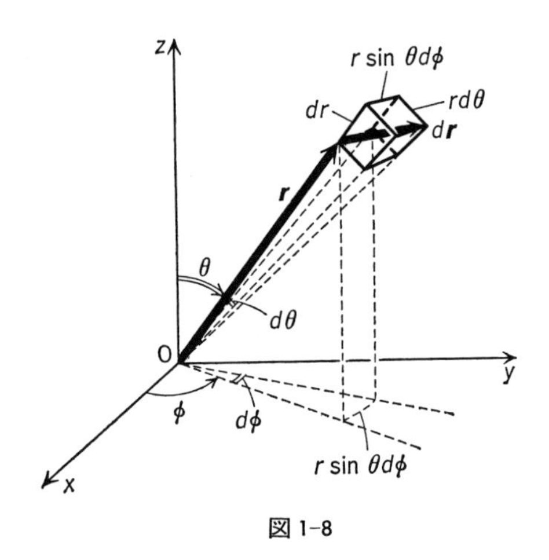

図 1-8

ϕ の増す方向に $r\sin\theta d\phi$ という長さの3辺を持つことになる．したがって，体積素片(微小体積)は

$$r^2\sin\theta drd\theta d\phi \tag{1.36}$$

となる．つまりデカルト座標の $dxdydz$ に対応するのは $drd\theta d\phi$ ではなく，$r^2\sin\theta drd\theta d\phi$ である．(ヤコビアンが $\partial(x, y, z)/\partial(r, \theta, \phi)=r^2\sin\theta$ となることを示しても同じである.)

微小変位 $d\boldsymbol{r}$ の3成分は

$$(d\boldsymbol{r})_r = dr, \quad (d\boldsymbol{r})_\theta = rd\theta, \quad (d\boldsymbol{r})_\phi = r\sin\theta d\phi \tag{1.37}$$

ということになるから，これを dt で割ったものとして

$$v_r = \dot{r}, \quad v_\theta = r\dot{\theta}, \quad v_\phi = (r\sin\theta)\dot{\phi} \tag{1.38}$$

がすぐに得られる．これを用いると運動エネルギーは

$$T = \frac{1}{2}m(\dot{r}^2+r^2\dot{\theta}^2+r^2\dot{\phi}^2\sin^2\theta) \tag{1.39}$$

となる．したがって，r, θ, ϕ に共役な運動量は

$$p_r = m\dot{r}, \quad p_\theta = mr^2\dot{\theta}, \quad p_\phi = mr^2\dot{\phi}\sin^2\theta \tag{1.40}$$

のようになる．

さて，p_i の定義の式(1.35)を上のようにそのまま使わず，まず T を $\dot{x}_1, \dot{x}_2,$

$\cdots, \dot{x}_n$ の関数として(1.24)のように表わし，その $\dot{x}_1, \dot{x}_2, \cdots, \dot{x}_n$ が，(1.27)のように，$\dot{q}_1, \dot{q}_2, \cdots, \dot{q}_n$ を含むのだと考えると，合成関数の微分法を使って

$$
\begin{aligned}
p_i &= \frac{\partial T}{\partial \dot{q}_i} \\
&= \frac{\partial T}{\partial \dot{x}_1}\frac{\partial \dot{x}_1}{\partial \dot{q}_i} + \frac{\partial T}{\partial \dot{x}_2}\frac{\partial \dot{x}_2}{\partial \dot{q}_i} + \cdots + \frac{\partial T}{\partial \dot{x}_n}\frac{\partial \dot{x}_n}{\partial \dot{q}_i} \\
&= \sum_j \frac{\partial T}{\partial \dot{x}_j}\frac{\partial \dot{x}_j}{\partial \dot{q}_i}
\end{aligned}
$$

となる．ただし $\sum_{j=1}^{n}$ をこれからは単に $\sum_j$ と記すことにする．ここで(1.28)式と $\partial T/\partial \dot{x}_j = m_j \dot{x}_j$ とを使うと，

$$
p_i = \sum_j m_j \dot{x}_j \frac{\partial x_j}{\partial q_i}
$$

と変形される．この式を t で微分してみよう．

$$
\dot{p}_i = \sum_j m_j \ddot{x}_j \frac{\partial x_j}{\partial q_i} + \sum_j m_j \dot{x}_j \frac{d}{dt}\left(\frac{\partial x_j}{\partial q_i}\right) \tag{1.41}
$$

ここで，$m_j \ddot{x}_j = F_j$ であるから，右辺の第1項は(1.31)で定義された一般化力の Q_i になっている(i と j が逆になっていることに注意！)．右辺の第2項は平面極座標で遠心力 $mr\dot{\theta}^2$ を与えた項であり，T が $\dot{q}_1, \dot{q}_2, \cdots, \dot{q}_n$ だけでなく $q_1, q_2, \cdots, q_n$(の一部)を含むために生じるものであることが，つぎのようにしてわかる．

T が $q_1, q_2, \cdots, q_n$ を含むとすれば，それは $\dot{x}_1, \dot{x}_2, \cdots, \dot{x}_n$ がこれらを含むためであるから，合成関数の微分法により

$$
\begin{aligned}
\frac{\partial T}{\partial q_i} &= \frac{\partial T}{\partial \dot{x}_1}\frac{\partial \dot{x}_1}{\partial q_i} + \frac{\partial T}{\partial \dot{x}_2}\frac{\partial \dot{x}_2}{\partial q_i} + \cdots + \frac{\partial T}{\partial \dot{x}_n}\frac{\partial \dot{x}_n}{\partial q_i} \\
&= \sum_{j=1}^{n} \frac{\partial T}{\partial \dot{x}_j}\frac{\partial \dot{x}_j}{\partial q_i}
\end{aligned}
$$

となるが，ここで $\partial T/\partial \dot{x}_j = m_j \dot{x}_j$ を代入すると

$$
\frac{\partial T}{\partial q_i} = \sum_{j=1}^{n} m_j \dot{x}_j \frac{\partial \dot{x}_j}{\partial q_i}
$$

と変形される．ここで，(1.27)の添字をつけかえた式

$$\dot{x}_j = \sum_{k=1}^{n} \frac{\partial x_j}{\partial q_k} \dot{q}_k$$

を q_i で偏微分すると

$$\begin{aligned} \frac{\partial \dot{x}_j}{\partial q_i} &= \sum_k \frac{\partial^2 x_j}{\partial q_k \partial q_i} \dot{q}_k \\ &= \sum_k \frac{\partial}{\partial q_k}\left(\frac{\partial x_j}{\partial q_i}\right)\frac{dq_k}{dt} \\ &= \frac{d}{dt}\left(\frac{\partial x_j}{\partial q_i}\right) \end{aligned}$$

となり，これは $\partial x_j/\partial q_i$ という量——$q_1(t), q_2(t), \cdots, q_n(t)$ の関数である——を t で微分したものになっている．したがって結局

$$\frac{\partial T}{\partial q_i} = \sum_j m_j \dot{x}_j \frac{d}{dt}\left(\frac{\partial x_j}{\partial q_i}\right)$$

であることがわかる．こういうわけで，(1.41)はつぎのような非常に簡単な形に帰着する．

$$\frac{d}{dt} p_i = Q_i + \frac{\partial T}{\partial q_i} \tag{1.42}$$

運動量の定義 $p_i = \partial T/\partial \dot{q}_i$ を持ちこめば，(1.42)は

$$\boxed{\frac{d}{dt}\left(\frac{\partial T}{\partial \dot{q}_i}\right) - \frac{\partial T}{\partial q_i} = Q_i \qquad (i=1, 2, \cdots, n)} \tag{1.43}$$

となる．デカルト座標の場合には，これは普通の運動方程式に帰着するから，(1.43)は運動方程式を一般化座標むけに拡張(あるいは変形)したものとみなされる．

とくに力がポテンシャル $U(q_1, q_2, \cdots, q_n)$ から(1.34)のようにして導かれる保存力の場合には，

$$\frac{d}{dt}\left(\frac{\partial T}{\partial \dot{q}_i}\right) - \frac{\partial T}{\partial q_i} + \frac{\partial U}{\partial q_i} = 0$$

となるから，$q_1, q_2, \cdots, q_n, \dot{q}_1, \dot{q}_2, \cdots, \dot{q}_n$ の関数としての**ラグランジュ関数**(また

は**ラグランジアン**）というものを

$$\boxed{L = T - U} \qquad (1.44)$$

によって定義すると便利である．U は速度によらないから $\dot{q}_1, \dot{q}_2, \cdots, \dot{q}_n$ を含まないので，

$$\frac{\partial U}{\partial \dot{q}_i} = 0$$

したがって

$$\frac{\partial T}{\partial \dot{q}_i} = \frac{\partial L}{\partial \dot{q}_i}$$

となるから，上の式は

$$\boxed{\frac{d}{dt}\left(\frac{\partial L}{\partial \dot{q}_i}\right) - \frac{\partial L}{\partial q_i} = 0} \qquad (1.45)$$

となる．これは**ラグランジュの運動方程式**(Lagrange's equations of motion)と呼ばれ，非常に有用性の高い方程式である．

力のうちの一部分がポテンシャル U から導かれ，それ以外の部分——摩擦力など——が残るときには，残る部分を Q_i' として

$$\boxed{\frac{d}{dt}\left(\frac{\partial L}{\partial \dot{q}_i}\right) - \frac{\partial L}{\partial q_i} = Q_i'} \qquad (1.46)$$

とすればよい．なお，一般化運動量は

$$\boxed{p_i = \frac{\partial L}{\partial \dot{q}_i}} \qquad (1.47)$$

によって定義しても同じである．

平面極座標に以上を適用して，1-1 節から 1-3 節までと同じ式が出てくることを確かめよう．(1.19)により，r と θ に共役な一般化運動量が

$$p_r = m\dot{r}, \qquad p_\theta = mr^2\dot{\theta}$$

になることがわかる．p_r はまさに運動量 $\boldsymbol{p}=m\boldsymbol{v}$ の r 方向の成分 $p_r=p_x\cos\theta+p_y\sin\theta$ になっている．しかし p_θ は $\boldsymbol{p}$ の θ 方向の成分 $-p_x\sin\theta+p_y\cos\theta=$

$mr\dot{\theta}$ **ではなく**，その r 倍になっていることに注意する必要がある．これは，10ページで述べたディメンションに関する注意とも関連している．したがって，p_θ という記号は $\boldsymbol{p}$ の θ 方向の成分と紛らわしくて困るのであるが，解析力学の慣用に従っておくことにするから，読者は十分に注意してほしい．(1.40)式が与える p_θ と p_ϕ も同様である．

では，ディメンションまで違うこのような量を，なぜ p_r と同格のようにして用いるのであろうか．(1.15 a), (1.15 b)を思い起こしてみると，中心力の場合に $F_\theta=0$ の結果として一定に保たれる量こそ，mv_θ ではなくてまさにこの $p_\theta=mr^2\dot{\theta}$ なのである．気づかれた読者もあると思うが，p_θ は角運動量(の面に垂直な成分)にほかならない．

さて，平面極座標を用いた中心力の問題では，ラグランジュ関数は

$$L=\frac{1}{2}m(\dot{r}^2+r^2\dot{\theta}^2)-U(r)$$

で与えられるから，(1.45)は

$$\frac{d}{dt}\left(\frac{\partial L}{\partial \dot{r}}\right)=\frac{\partial L}{\partial r}\quad \text{より}\qquad m\ddot{r}=mr\dot{\theta}^2-\frac{\partial U}{\partial r}$$

$$\frac{d}{dt}\left(\frac{\partial L}{\partial \dot{\theta}}\right)=\frac{\partial L}{\partial \theta}\quad \text{より}\qquad \frac{d}{dt}(mr^2\dot{\theta})=0$$

を与えるが，これは(1.14)あるいは(1.20 a), (1.20 b)と同じである．ラグランジュの方程式(1.45)を用いると，これらが全く機械的に出てくるのである．

問題 3　(1.40)式の p_r, p_θ, p_ϕ はどのような量を表わすか．

例題 1　重さを無視できる強さ k のバネの一端を固定し，他端に質量 m のおもりをつけてぶら下げ，1つの鉛直面内だけで振動させるとき，これをバネ振り子という．バネの自然の長さを l として，おもりの運動方程式を立てよ．

[解]　支点からおもりまでの距離 r，バネと鉛直線との傾きの角 θ を一般化座標に選ぶと，

$$T=\frac{1}{2}m(\dot{r}^2+r^2\dot{\theta}^2),\qquad U=\frac{k}{2}(r-l)^2-mgr\cos\theta$$

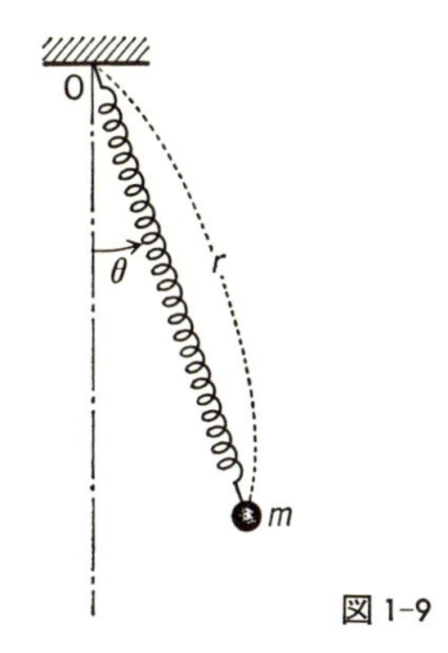

図 1-9

したがってラグランジアンは

$$L=\frac{1}{2}m(\dot{r}^2+r^2\dot{\theta}^2)-\frac{k}{2}(r-l)^2+mgr\cos\theta$$

となる．ラグランジュの運動方程式は，これから

$$\begin{cases} m\ddot{r} = -k(r-l)+mg\cos\theta+mr\dot{\theta}^2 \\ m\dfrac{d}{dt}(r^2\dot{\theta}) = -mgr\sin\theta \end{cases}$$

のように導かれる．これを一般的に解くことは容易でない．▌

1-6　エネルギー保存則

力が保存力だけのときを考える．ラグランジュ関数 L は $q_1, q_2, \cdots, q_n, \dot{q}_1, \dot{q}_2, \cdots, \dot{q}_n$ の関数であるが，(2-3 節で L がこれらのほかに t を直接含む場合が出てくる．そのときは以下の議論は成り立たない．) q_i も $\dot{q}_i$ も t の関数であるから，結局 L は t だけの関数であるといえる．そこで L を t で微分したものを考えると，合成関数の微分法により

$$\frac{dL}{dt}=\sum_i\frac{\partial L}{\partial q_i}\dot{q}_i+\sum_i\frac{\partial L}{\partial \dot{q}_i}\ddot{q}_i$$

となるが，ここで(1.45)を用いて

ラグランジュの解析力学

ラグランジュの『解析力学』は，ニュートンの『プリンキピア』から約100年たった1788年に出版された．第1部の静力学は「仮想速度の原理」(仮想仕事の原理のこと．これはまた仮想変位の原理とも呼ばれる．当時は仮想変位のことを仮想速度と呼んでいた)を基本原理にすえているが，それはテコや滑車の原理，力の合成法則などがすべてこの原理に帰着できるからであった．第2部の動力学は，ダランベールの原理で動力学を静力学の問題になおすことから出発している．

ラグランジュは，オイラーと同様に，彼の力学を解析的につくることを方針としていたから，仮想変位を束縛条件と矛盾しないようにとるために図を描いたり幾何学的直観を用いたりしなくてもすむように，未定乗数法という便利な方法を案出した．さらに彼は，適当な独立変数を使うと計算が大いに簡単化されることを示し，一般化座標を導入した．

そのような『解析力学』に対する評価の例を挙げよう．

「これこそ自然の神秘的な力などというものについて唱えることのない最初の科学的業績である．この本は物質系の力学的な振舞いの，説明ではなく記述を保証してくれる」(E. T. Bell).

「ついにラグランジュが解析力学を発展の最高段階にまで引き上げた．ラグランジュはあらゆる必要な考察を1回きりで済まそうとし，1つの公式でできるだけ多くの事を表現しようと努めた．……頭を働かせる必要のある事で残っているのは純粋に力学的なことがらだけである．ラグランジュの力学は，思考の<u>経済</u>という点で大きな業績をあげた」(Ernst Mach).

$$\frac{\partial L}{\partial q_i} = \frac{d}{dt}\left(\frac{\partial L}{\partial \dot{q}_i}\right)$$

を代入すると

$$\frac{dL}{dt} = \sum_i \left\{\dot{q}_i \frac{d}{dt}\left(\frac{\partial L}{\partial \dot{q}_i}\right) + \ddot{q}_i \frac{\partial L}{\partial \dot{q}_i}\right\}$$

となるが，$\{\cdots\}$ 内はちょうど

$$\frac{d}{dt}\left(\dot{q}_i \frac{\partial L}{\partial \dot{q}_i}\right)$$

に等しくなっているから

$$\frac{dL}{dt} = \frac{d}{dt}\sum_i \dot{q}_i \frac{\partial L}{\partial \dot{q}_i}$$

つまり

$$\frac{d}{dt}\left[\sum_i \dot{q}_i \frac{\partial L}{\partial \dot{q}_i} - L\right] = 0$$

ということになる．したがって $[\cdots]$ 内は定数であることがわかるから，それを E とおくと

$$\sum_i \dot{q}_i \frac{\partial L}{\partial \dot{q}_i} - L = E \tag{1.48}$$

が得られる．

U が $\dot{q}_i$ を含まず，T は $\dot{q}_i$ の 2 次の同次式であるから

$$\sum_i \dot{q}_i \frac{\partial L}{\partial \dot{q}_i} = \sum_i \dot{q}_i \frac{\partial T}{\partial \dot{q}_i} = 2T \tag{1.49}$$

となるので，(1.48) は

$$2T - L = E$$

となるが，$L = T - U$ であるからこれは

$$T + U = E \tag{1.50}$$

となる．この式の左辺は体系の全エネルギーであり，E は定数である．したがって (1.48) は**エネルギー保存則**を表わしていることがわかる．

エネルギーのように，運動方程式をもとにして，ある量 $F(q_1, \cdots, q_f, \dot{q}_1, \cdots, \dot{q}_f)$ の時間変化が

$$\frac{dF}{dt} = 0$$

を満たすことが導かれた場合には，すぐに

$$F(q_1, \cdots, q_f, \dot{q}_1, \cdots, \dot{q}_f) = \text{一定}$$

のように積分できる．中心力の場合の p_θ などもその一例である．これらの量は時間がたっても一定に保たれ，変化しないので**保存量**とも呼ばれるが，上のような意味で**積分**と呼ばれることがある．例えば(1.50)式のことを**エネルギー積分**と呼び，(1.50)が成り立つ系のことを「エネルギー積分を持つ」などといったりする．

積分が求められるのは，t で微分したものが0になっている量である．ラグランジュの方程式を

$$\frac{d}{dt}\left(\frac{\partial L}{\partial \dot{q}_i}\right) = \frac{\partial L}{\partial q_i}$$

と書いてみればすぐわかるように，もしラグランジュ関数が q_i を含まなければ $p_i = \partial L/\partial \dot{q}_i$ は保存量になる．1-1節の最初に出てきた放物運動の場合の p_x，中心力の場合の p_θ は，まさにそういう理由で保存量(定数)になったのである．そのような一般化座標のことを**循環座標**(cyclic coordinate)といい，なるべく循環座標の数が多くなるように一般化座標を選ぶと都合がよいことになる．それについては第4章であらためて詳しく調べることにする．

第1章演習問題

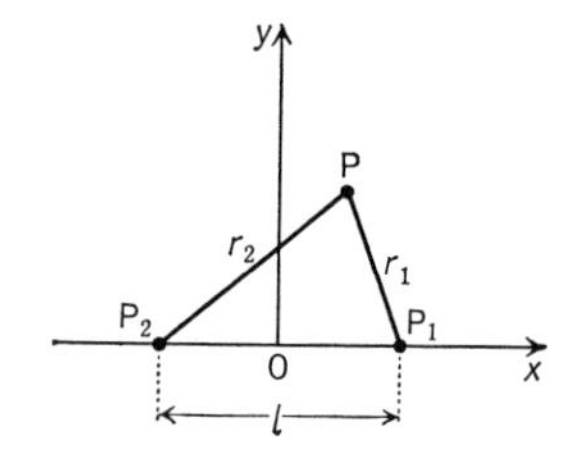

[1]　半平面($y \geqq 0$)上の点の位置を表わすのに，図のように，x 軸上の2定点 $P_1 = (+l/2, 0)$，$P_2 = (-l/2, 0)$ からの距離 r_1 と r_2 を使うことができる．その代りに

$$\xi = r_1 + r_2, \quad \eta = r_1 - r_2 \qquad (\xi \geqq l,\ l \geqq \eta \geqq -l)$$

を用いてもよい．この ξ, η を使うと

$$x=\frac{-\xi\eta}{2l}, \qquad y=\frac{1}{2l}\sqrt{(\xi^2-l^2)(l^2-\eta^2)}$$

のように表わせることを示せ．また，ξ, η は直交曲線座標になっていることを証明し，微小面積が

$$dS=\frac{\xi^2-\eta^2}{4\sqrt{(\xi^2-l^2)(l^2-\eta^2)}}d\xi d\eta$$

で与えられることを示せ．

［2］ 中心力場を運動する粒子の動径方向の運動に関して次の問に答えよ．

(a) 動径方向の運動に対する方程式を $m\ddot{r}=-\dfrac{dW}{dr}$ と書いたときの「有効ポテンシャル」W を求めよ．

(b) 有効ポテンシャルを用いて，円運動のおこる条件を求めよ．

(c) 中心力のポテンシャルが $U(r)=\dfrac{1}{2}kr^2$ のとき，円運動の周期を求めよ．

［3］ 質量 m の粒子が $U(r)=Kr^3$ $(K>0)$ というポテンシャルを持つ中心力場内で運動している．

(a) 粒子の軌道が半径 r_0 の円であるとき，そのエネルギーと角運動量を求めよ．

(b) この円運動の周期はいくらか．

(c) この運動中，粒子が弱い撃力(r 方向)を受けて円運動が乱された．$r=r_0$ の付近で r が行なう微小振動の周期を求めよ．

2

ラグランジュの方程式と束縛

ラグランジュの方程式の有用性は，束縛条件が課せられているときに最もよく発揮されるといってもよい．面の抗力などというあらかじめわかってもいない力を仮定する必要もなく，むしろ変数の数を減らすという好都合な処理で目的が達せられるからである．それらに関連させながら，具体的な場合について方程式の使い方を学ぶ．

2-1　束縛条件と一般化座標

あらかじめ力がわかっていれば，ニュートンの運動方程式 $m\boldsymbol{a}=\boldsymbol{F}$ あるいはそれを変形したラグランジュの方程式を，初期条件に合わせて解くことによって，運動は決定される．もちろん，微分方程式を解く上でのいろいろな困難が出てくるから，簡単に解が求められることはあまりないであろうが，少なくとも原理的にはそれは可能であり，コンピューターなどを用いて数値的に処理する方法もある．

だが上とは逆に，運動の一部があらかじめわかっていて，力のほうが未知の場合もある．例えば「斜面に沿ってすべる」という場合，この斜面内に x 軸と y 軸をとり，z 軸を斜面に垂直にとると，$z(t)=0$ ということがあらかじめ与えられた条件になっているわけである．物体は重力とか人が引っぱる力のような既知の力のほかに，斜面から**抗力**を受けるが，これはあらかじめ与えられる力ではない．抗力のうち面に垂直な z 成分——**垂直抗力**と呼ばれる——を N とすると，これは z を常に 0 に保つように，つまり物体が斜面にめりこんだりしないように，必要に応じて現われると考えたほうが適切な力である．$z(t)=0$ と

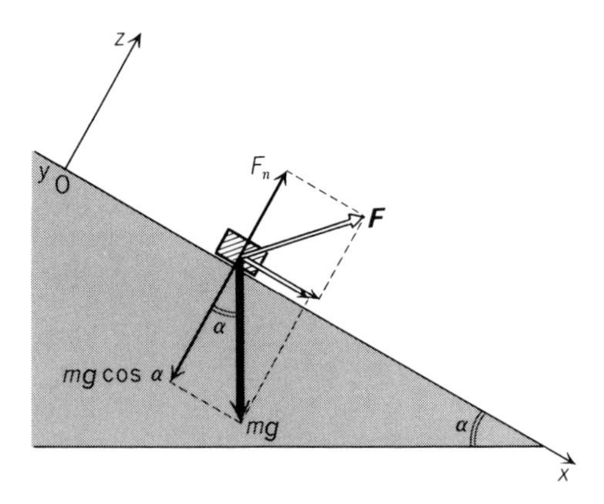

図 2-1　$mg\cos\alpha=F_n+N$ であるが，この N が負になると物体は斜面から浮き上がってしまう．

いうことは，$\dot{z}=0$, $\ddot{z}=0$ということであるから，運動方程式を逆に使うと，物体に働く力の z 成分(の和)は 0 になっていなければならない．つまり，他の力の z 成分と N との和がちょうど 0 になるように，N は現われるのである．

斜面の上に物体が乗っているだけだと，N は負にはなれないから，負の N が必要な状況になると，$z=0$ を保たせることはできなくなって，物体は斜面から離れてしまうことになる．

この例のようなときには，z 方向に関するかぎり運動方程式は《力》→《運動》ではなく，《運動》→《力》のように使われることになる．そして，与えられるのは抗力ではなくて $z=0$ という**束縛条件**(**拘束条件**ともいう)である．これによって，物体の運動をきめる変数の数——運動の**自由度**という——は，x, y, z の 3 個から x と y の 2 個に減る．

斜面が平面であれば，上のようにデカルト座標でよいが，一般には束縛条件はもっとさまざまである．例えば長さ l の糸でおもりをつるした**単振り子**を考えてみよう．糸の張力は，おもりを半径が l の球面上に保つという役割をはたしている．もっと正確にいうと，斜面の抗力と同様に，糸はおもりが球面の内部に入ること(糸がたるむこと)を妨げないから，張力はおもりを球内に束縛しているということになる．この張力も，おもりがどこに来たらいくらになる，というようにきまっているものではなく，糸の長さが l 以上にならないように，必要なだけ出現する力である．

おもりの運動を 1 つの鉛直面内に限るとした場合，その鉛直面を図 2-2 のように xy 平面にとると，与えられるのは張力ではなくて，

$$\text{束縛条件：}\quad x^2+y^2 \leqq l^2 \tag{2.1}$$

である．糸がたるまないようにして振動させる単振り子の場合には，実際上は束縛条件を等式

$$x^2+y^2 = l^2 \tag{2.2}$$

と考えてよい．この場合，自由度は x, y の 2 から，1 に減るわけであるが，x をやめて y だけ，というわけにはいかない．むしろ図のように，糸の傾角 θ を用いておもりの位置を表わせば，θ の値でおもりの位置は一意的に確定するか

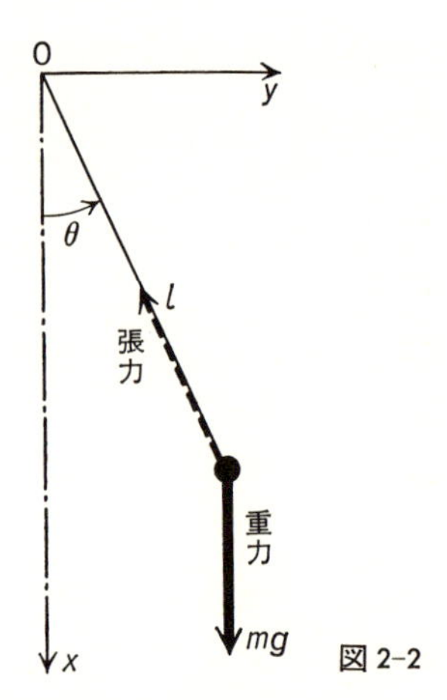

図 2-2

ら，これを変数(t の関数として変化する)として扱ったほうが便利である．

これを，22 ページでバネ振り子を平面極座標 r, θ で表わした場合と比較してみると，全く伸びない糸というのは，定数 k を大きくしていった極限の場合のバネに相当することがわかるであろう．もちろん，「全く伸びない糸」などというのは理想化であって，現実にはわずかの伸縮はあるはずである．それを無視した極限が，(2.2)式のような条件で表わされているのだと考えるべきである．いちいち，バネ振り子のようなものを考えてから，$k \to \infty$ という手続きをとるのは繁雑なので避け，おもりの位置を (r, θ) で記述し，そして

$$r = l \tag{2.3}$$

は常に一定であって，$\dot{r}=0$，$\ddot{r}=0$ がいつも成り立っているとしてしまうのである．そうすると，(r, θ) のうちの r が変数でなくなるから，θ だけが唯一の一般化座標として残ることになる．この場合，デカルト座標による(2.2)式よりも，平面極座標による(2.3)のほうが，はるかに簡単で扱いやすいことは，いうまでもないであろう．

2 原子分子(12 ページ)でも，多くの場合に「R＝一定」とみなしてよいので，デカルト座標 $x_{\mathrm{A}}, y_{\mathrm{A}}, z_{\mathrm{A}}, x_{\mathrm{B}}, y_{\mathrm{B}}, z_{\mathrm{B}}$ を用いて，束縛条件

$$(x_{\mathrm{B}}-x_{\mathrm{A}})^2+(y_{\mathrm{B}}-y_{\mathrm{A}})^2+(z_{\mathrm{B}}-z_{\mathrm{A}})^2 = l^2 \tag{2.4}$$

を課するよりも，一般化座標 X, Y, Z, R, θ, ϕ を採用しておいて，$R=l$ を変数

から除外してしまうほうが，ずっと扱いが容易である．

束縛条件にはいろいろなものがあるが，(2.2)や(2.4)のように，質点の座標のあいだの一定の関係式

$$f(x_1, x_2, \cdots, x_n) = 0 \tag{2.5}$$

で与えられるものを，**ホロノミック**(holonomic)な束縛という．2-3節で示すように，f が時間を直接に含む

$$f(x_1, x_2, \cdots, x_n, t) = 0 \tag{2.6}$$

のようなものでも，ホロノミックな束縛と呼ぶ．

剛体というのは，多数の質点からできている系と考えられるが，系を剛体に保っているのは，構成する質点間の距離を一定に保つという

$$(\boldsymbol{r}_i - \boldsymbol{r}_j)^2 - l_{ij}{}^2 = 0$$

のような多数の条件であるから，これもまたホロノミックな束縛を受けているとみなされる．

(2.5)や(2.6)の形に表わせない**非ホロノミック**(non-holonomic)な束縛条件の一例は(2.1)式のような不等式である．斜面も，物体が斜面から離れる可能性まで考えると，非ホロノミックな束縛を及ぼすことになる．

ホロノミックな束縛は，束縛条件によって一定になるような変数を含む一般化座標で記述することにして，その一定な量を座標から除いてしまえばよい．N 個の質点からできている系の自由度は $n=3N$ であるが，ホロノミックな束

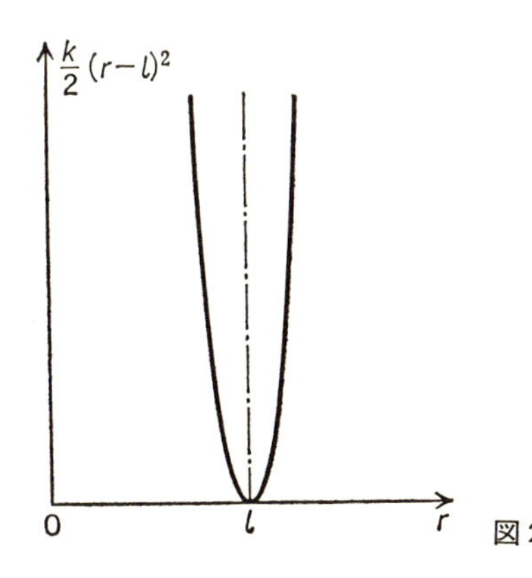

図 2-3

縛条件が k 個あれば，自由度は $3N-k$ に減る．系の運動は $3N-k$ 個の一般化座標 $q_1, q_2, \cdots, q_{3N-k}$ によって完全にきまることになる．(非ホロノミックな束縛には，上記のような一般的な解決法はなく，問題ごとにそれに適した処理法を考える必要がある.)

さて，ホロノミックな束縛の場合には，$3N-k$ 個の一般化座標に関する方程式を立てて解けばよいはずだから，デカルト座標のときよりも，方程式の数は少なくなる．斜面の問題なら z 成分に関する運動方程式は不要であるし，単振り子では r に対する運動方程式はたてる必要がない．斜面の場合の垂直抗力は z 方向の運動方程式にだけ入ってくるものであるから，x, y 方向の方程式には現われない．振り子の張力というのは，図 2-3 に示された力の極限であって，22-23 ページの例題 1 に示されているように，r に対する運動方程式の中にのみ存在するから，r の運動を考えない $r=l$ の扱いでは消えてしまう．

このように，ホロノミックな束縛のための束縛力というものは，残った自由度 $q_1, q_2, \cdots, q_{3N-k}$ に対する運動方程式の中には出てこないものなのである．つまり，「束縛条件を守らせさえすればよくて，それ以外の自由度の運動には何も影響を与えない」のが，ホロノミックな束縛力の意味だと思えばよい．

このようにラグランジュの方程式を用い，束縛に抵触しない自由度を表わす一般化座標 $q_1, q_2, \cdots, q_{3N-k}$ を扱う方法の利点の 1 つは，あらかじめわかっていない束縛力などという扱いにくいものを，全く考えなくてよいことである．その意味では，物体と面が垂直に押し合う力の大きさに比例した摩擦力などというものは，以上の処方箋には入れにくい厄介な力であることを断わっておこう．

今まで束縛力を邪魔物扱いにして，一般化座標の導入でこれを追放した形になったわけであるが，それだけではすまない場合も生じる．振り子の糸にどのくらいの張力がかかるのかを知らないと，弱すぎて糸が切れてしまうようなこともおこるであろう．あるいは負の張力が要求されて糸がたるむ可能性があるのに，それに気づかなくても困る．そういうときには，束縛条件で不要になった自由度を仮に復活させて，それに対する運動方程式をつくり，束縛条件(例えば $r=l$)が成り立つためにはどんな力が必要かを調べればよい．

問題1　単振り子の糸の張力を，22 ページの例題1をもとにして考察せよ．最下点付近の振動に限定せず，一般の場合について張力の大きさと θ の関係を求め，振り子が円振り子として鉛直面内で円運動するための条件を求めよ．

2-2　ラグランジュ方程式の例

簡単な例によって，ラグランジュ方程式の立て方を示すことにしよう．

例題1　軸が鉛直で頂点が下を向いているなめらかな円錐面の内側に沿ってすべっている質点の運動方程式を求めよ．頂角を 2α とする．質点が一定の高さで水平な円周上をまわるための条件と，この定常運動をしている質点に r 方向の微小な撃力を加えてからあとの運動はどうなるか．

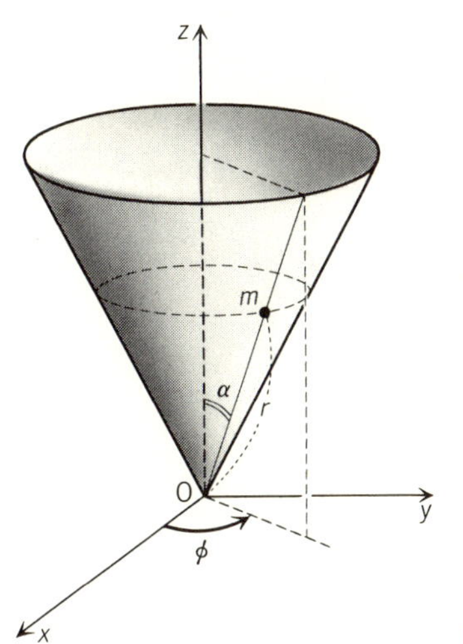

図 2-4

［解］　これは，円錐の頂点を極とし，鉛直上向きを極軸とした3次元極座標 r, θ, ϕ で，θ が $\theta=\alpha$ と固定された場合である．

$$(d\boldsymbol{r})_r = dr, \qquad (d\boldsymbol{r})_\theta \equiv 0, \qquad (d\boldsymbol{r})_\phi = r\sin\alpha\, d\phi$$

であるから(1.39)式により

$$T=\frac{m}{2}(\dot{r}^2+r^2\dot{\phi}^2\sin^2\alpha)$$

また，位置エネルギーは

$$U=mgr\cos\alpha$$

で与えられる．したがって，ラグランジュ関数は

$$L=\frac{m}{2}(\dot{r}^2+r^2\dot{\phi}^2\sin^2\alpha)-mgr\cos\alpha$$

となり，運動方程式

$$\frac{d}{dt}\left(\frac{\partial L}{\partial\dot{r}}\right)=\frac{\partial L}{\partial r},\qquad \frac{d}{dt}\left(\frac{\partial L}{\partial\dot{\phi}}\right)=\frac{\partial L}{\partial\phi}$$

をつくると，

$$m\ddot{r}=mr\dot{\phi}^2\sin^2\alpha-mg\cos\alpha \tag{i}$$

$$\frac{d}{dt}(mr^2\dot{\phi}\sin^2\alpha)=0\qquad(\dot{p}_\phi=0) \tag{ii}$$

が得られる．

水平な円周上をまわるときには，$r=r_0$(定数)であるから $\ddot{r}=0$ になっている．したがって，第2式から $\dot{\phi}$ も一定(Ω とする)であることがわかるが，このとき第1式は

$$mr_0\Omega^2\sin^2\alpha-mg\cos\alpha=0$$

を示すので

$$r_0\Omega^2=\frac{g\cos\alpha}{\sin^2\alpha} \tag{iii}$$

が求める条件である．速さは $r_0\Omega\sin\alpha$ であるから，これを v_0 とすると

$$\frac{{v_0}^2}{r_0}=g\cos\alpha$$

になるような初期条件を与えてやればよい．

このような定常運動からはずれる場合を調べるには，まず p_ϕ=一定 の一定値を mC とすると

$$r^2\dot{\phi}\sin^2\alpha=C$$

となるから，r の運動方程式(i)に入れて $\dot{\phi}$ を消去してしまうと

$$\ddot{r} = \frac{C^2}{r^3 \sin^2\alpha} - g\cos\alpha \tag{iv}$$

が得られる．そこで

$$r = r_0 + \rho \qquad (\rho\ \text{は微小量})$$

とおいて(iv)に代入し，ρ の最低次(1次)までを残すと

$$\ddot{\rho} = \frac{C^2}{r_0{}^3 \sin^2\alpha}\left(1+\frac{\rho}{r_0}\right)^{-3} - g\cos\alpha$$

$$= \frac{C^2}{r_0{}^3 \sin^2\alpha}\left(1-\frac{3\rho}{r_0}\right) - g\cos\alpha$$

となる．運動を定常状態から乱したときには p_ϕ を変えないようにしているから，C はもとのままの値

$$C = r_0{}^2 \Omega \sin^2\alpha \qquad \left(\therefore \quad \frac{C^2}{r_0{}^3 \sin^2\alpha} = r_0 \Omega^2 \sin^2\alpha\right)$$

である．したがって(iii)により上の式は

$$\ddot{\rho} = -\frac{3g\cos\alpha}{r_0}\rho$$

となるから，ρ は角振動数 $\omega_0 = \sqrt{(3g\cos\alpha)/r_0}$ の正弦振動を行なう．すぐわかるようにその角振動数は

$$\omega_0 = (\sqrt{3}\sin\alpha)\Omega$$

である．▌

例題2　長さ L の一様な棒の両端にそれぞれ長さが l の糸をつけ，糸の他端を水平に a だけ離れた2つの固定点A, Bに結びつけて棒をつるす．この装置を**2本づり**という．平衡状態から，この棒を重心のまわりにわずかにねじって放したときの振動はどのようになるか．$a>L$ とする．

［解］　ねじりの角を θ とすると，一般化座標はこの θ だけでよいことになる．ねじると棒の重心は上がるから，その高さ z を θ の関数として求めておく必要がある．つり合いの位置で糸が鉛直とつくる角 α は

$$l\sin\alpha = \frac{1}{2}(a-L)$$

からきまる．棒が θ だけ傾いたときには，糸と鉛直下方との間の角を α' とする

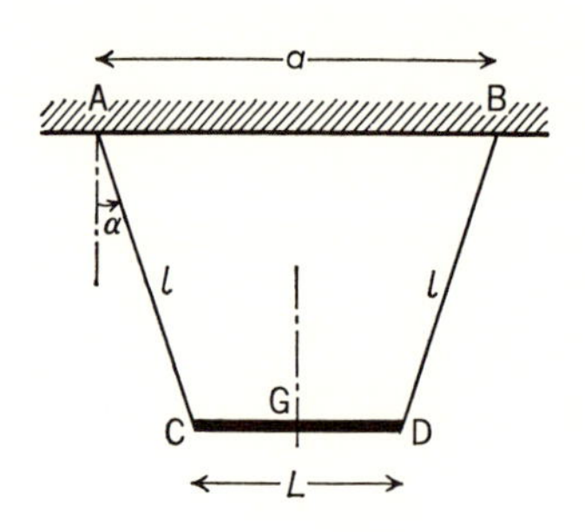

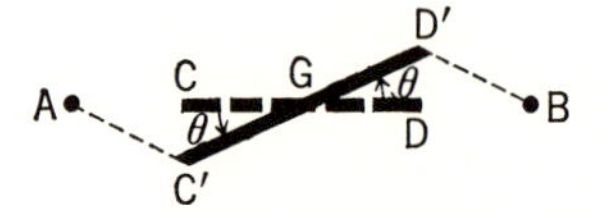

図 2-5　2本づり．下の図はそれを真上から見たところ．

と，図 2-5 の下の図の AC′ の長さを余弦定理から出すことにより

$$l\sin\alpha' = \sqrt{\left(\frac{a}{2}\right)^2+\left(\frac{L}{2}\right)^2-\frac{aL}{2}\cos\theta}$$

となる．θ が小さいから $\cos\theta=1-\theta^2/2$ とすると

$$\begin{aligned}(l\sin\alpha')^2 &= \left(\frac{a}{2}\right)^2+\left(\frac{L}{2}\right)^2-\frac{aL}{2}+\frac{aL}{4}\theta^2\\ &= \left(\frac{a-L}{2}\right)^2+\frac{aL}{4}\theta^2 = (l\sin\alpha)^2+\frac{aL}{4}\theta^2\end{aligned}$$

したがって

$$\begin{aligned}l\cos\alpha' &= \sqrt{l^2-(l\sin\alpha')^2} = \sqrt{l^2-(l\sin\alpha)^2-\frac{aL}{4}\theta^2}\\ &= \sqrt{l^2\cos^2\alpha-\frac{aL}{4}\theta^2} = l\cos\alpha\left(1-\frac{aL}{4l^2\cos^2\alpha}\theta^2\right)^{1/2}\\ &= l\cos\alpha\left(1-\frac{aL}{8l^2\cos^2\alpha}\theta^2\right) = l\cos\alpha-\frac{aL}{8l\cos\alpha}\theta^2\end{aligned}$$

となるから，

$$z = l\cos\alpha-l\cos\alpha' = \frac{aL}{8l\cos\alpha}\theta^2$$

であることがわかる．

$$\dot{z}=\frac{aL}{4l\cos\alpha}\theta\dot{\theta}$$

であるから，$\dot{z}^2\sim\theta^2\dot{\theta}^2$ は $\dot{\theta}^2$ にくらべ2次の高次微小量である．したがって，運動エネルギー

$$T=\frac{1}{2}M\dot{z}^2+\frac{1}{2}I\dot{\theta}^2$$

において，第1項は省略してよい．M は棒の質量，I は重心を通り棒に垂直な軸のまわりの慣性モーメントで，一様な棒では

$$I=\int_{-L/2}^{L/2}x^2\frac{M}{L}dx=\frac{1}{12}ML^2$$

である．ポテンシャル・エネルギーは

$$U=Mgz=\frac{MgaL}{8l\cos\alpha}\theta^2$$

で与えられるから

$$L=\frac{ML^2}{24}\dot{\theta}^2-\frac{MgaL}{8l\cos\alpha}\theta^2$$

となり，ラグランジュの方程式は

$$\frac{ML^2}{12}\ddot{\theta}=-\frac{MgaL}{4l\cos\alpha}\theta$$

すなわち

$$\ddot{\theta}=-\frac{3ga}{lL\cos\alpha}\theta$$

となるから，θ は角振動数 $\omega=\sqrt{3ga/lL\cos\alpha}$ の単振動をすることがわかる．▌

2-3　時間に依存する束縛条件

(2.6)式で表わされるような，時間を含む束縛を考えよう．簡単な例から始めるのがわかりやすいと思うので，図2-6のように，単振り子の支点O′を水平方向に運動させているときを扱ってみる．糸の長さを l とし，その傾角を $\theta(t)$

ラプラスとラグランジュ

フランス革命の頃にパリで活躍した数理物理学者のなかでよく対比されるのがラプラス(Pierre Simon de Laplace, 1749–1827)とラグランジュ(Joseph Louis Lagrange, 1736–1813)である．ラプラスは数学の天才として賞賛されたけれども，名誉欲と政治的無節操のために非難される．彼は出生地の血縁や恩人から遠ざかり，つねに自分の賤しい生まれを隠そうとした．ナポレオンに重く用いられ，その全盛時代には『天体力学』の序文で皇帝を賛美し，『確率の解析的理論』を献呈しておきながら，その失脚後はルイ 18 世にとり入ってナポレオン追放令に署名し，『天体力学』の序文は撤回し『確率…』の献辞はルイ 18 世への献辞にとりかえたのであった．

フランス人を祖父に持ちイタリアで生まれたラグランジュは，その才能を早くから認められ，サルジニア王やプロシャ王に用いられて後，1787 年ルイ 16 世に招かれてパリに移り，王の一族やアカデミーから最大の尊敬を受けつつルーブル宮内で研究していたところ，1789 年の大革命が勃発した．ラグランジュは王族の保護を受けてはいたがフランス人民の苦しみをもよく理解し，革命の成功を期待していたと言われるが，恐怖政治には同調せず，人目を避けて閉じこもり研究に没頭した．しかしやがて，エコール・ポリテクニックの数学教授や度量衡改正委員長に任命されるようになり，その才能と人柄のゆえに革命後のフランス人にも尊敬された．ナポレオンも，謙虚で独断的でないこの老学者に最大の敬意を表していたという．

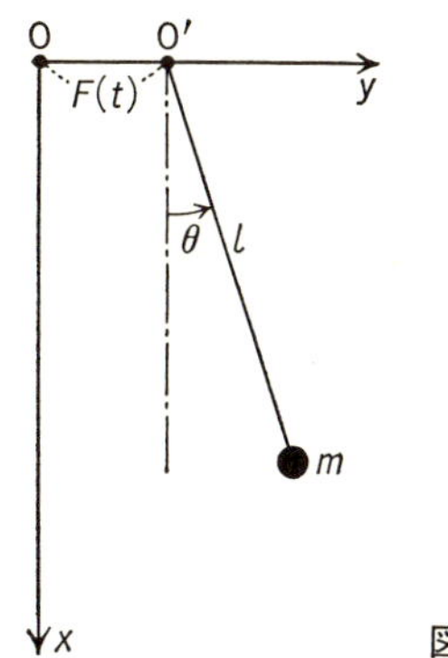

図 2-6

とすると，

$$x = l\cos\theta, \qquad y = l\sin\theta + F(t) \tag{2.7 a}$$

である．したがって

$$\dot{x} = -l\dot{\theta}\sin\theta, \qquad \dot{y} = l\dot{\theta}\cos\theta + F'(t) \tag{2.7 b}$$

となるから，運動エネルギーは

$$T = \frac{m}{2}l^2\dot{\theta}^2 + ml\dot{\theta}F'(t)\cos\theta + \frac{m}{2}[F'(t)]^2 \tag{2.8}$$

と表わせる．$F'(t)$ は $F(t)$ の導関数である．$\dot{\theta}$ だけでなく，第 2 項に θ も含まれている．この場合の束縛条件を (2.6) の形に表わしたものは，(2.7 a) からすぐわかるように

$$x^2 + (y - F(t))^2 - l^2 = 0$$

である．

上の例を参照しながら，一般論を進めることにしよう．(2.7 a) に対応する一般式は，(1.26) を一般化した

$$x_i = x_i(q_1, q_2, \cdots, q_f, t) \qquad (i = 1, 2, \cdots, n) \tag{2.9}$$

である．束縛条件で自由度が n から f に減っているとして，q は f 個にしてある．$q_1, q_2, \cdots, q_f, t$ のそれぞれを $dq_1, dq_2, \cdots, dq_f, dt$ だけ微小変化させたときの x_i の変化は

$$dx_i = \frac{\partial x_i}{\partial q_1}dq_1 + \frac{\partial x_i}{\partial q_2}dq_2 + \cdots + \frac{\partial x_i}{\partial q_f}dq_f + \frac{\partial x_i}{\partial t}dt \tag{2.10}$$

である．$dq_1, dq_2, \cdots, dq_f$ が dt 時間における運動で生じた $q_1, q_2, \cdots, q_f$ の変化だとして，これを dt で割ったものは

$$\dot{x}_i = \frac{\partial x_i}{\partial q_1}\dot{q}_1 + \frac{\partial x_i}{\partial q_2}\dot{q}_2 + \cdots + \frac{\partial x_i}{\partial q_f}\dot{q}_f + \frac{\partial x_i}{\partial t} \tag{2.11}$$

となる．(1.27)になかった最後の項は(2.7b)の $F'(t)$ に相当する．これを dx_i/dt と書かないのは，x_i が $q_j(t)$ を通じて t に依存していることは考慮しないで，直接に変数として(2.9)に入っている t についてだけ微分した偏微分係数だからである．

さて，(2.11)から(1.28)と同じ

$$\frac{\partial \dot{x}_i}{\partial \dot{q}_j} = \frac{\partial x_i}{\partial q_j}$$

がすぐに出てくる．今度は $\dot{x}_i$ は $q_1, \cdots, q_f, \dot{q}_1, \cdots, \dot{q}_f, t$ の関数とみなすのである．

微小仕事の(1.30)式はそのままであるから，これに(2.10)を代入すると

$$\delta W = \sum_i F_i dx_i = \sum_{i=1}^{n}\sum_{j=1}^{f} F_i \frac{\partial x_i}{\partial q_j}dq_j + \sum_{i=1}^{n} F_i \frac{\partial x_i}{\partial t}dt$$

となる．そこで(1.31)と同じ定義の一般化力を使うと，これは

$$\delta W = \sum_{j=1}^{f} Q_j dq_j + \sum_{i=1}^{n} F_i \frac{\partial x_i}{\partial t}dt \tag{2.12}$$

と書かれる．右辺の第2項は，図2-6の場合でいえば，動く支点から(糸の張力を通じて) dt のあいだに振り子に加えられる仕事を表わしている．Q_j の定義は同じだから，(1.34)もそのままである．

(2.8)の例でわかるように，運動エネルギー T は $q_j, \dot{q}_j$ のほかに t を直接含むから，共役運動量

$$p_i = \frac{\partial T}{\partial \dot{q}_i} \tag{1.35}$$

も t を直接含むことになる．(1.28)がそのまま使えるから，19ページの式の変形もそのまま成り立つので，(1.41)式

$$\dot{p}_i = \sum_j m_j \ddot{x}_j \frac{\partial x_j}{\partial q_i} + \sum_j m_j \dot{x}_j \frac{d}{dt}\left(\frac{\partial x_j}{\partial q_i}\right) \tag{1.41}$$

もそのまま使える．一方(2.11)の i を j に書き変えたものを q_i で偏微分すると，前と違って最後の項があるため

$$\frac{\partial \dot{x}_j}{\partial q_i} = \sum_{k=1}^{f} \frac{\partial^2 x_j}{\partial q_i \partial q_k} \dot{q}_k + \frac{\partial}{\partial q_i}\left(\frac{\partial x_j}{\partial t}\right)$$
$$= \sum_{k=1}^{f} \frac{\partial}{\partial q_k}\left(\frac{\partial x_j}{\partial q_i}\right) \dot{q}_k + \frac{\partial}{\partial t}\left(\frac{\partial x_j}{\partial q_i}\right)$$

となるが，x_j とか $\partial x_j/\partial q_i$ といった量が，$q_1(t), q_2(t), \cdots, q_f(t)$ を通じて t の関数になっている以外に，直接にも t に依存しているので

$$\frac{d}{dt} = \sum_{k=1}^{f} \dot{q}_k \frac{\partial}{\partial q_k} + \frac{\partial}{\partial t}$$

となることを考慮すると，上の式は(前と同じ形に)

$$\frac{\partial \dot{x}_j}{\partial q_i} = \frac{d}{dt}\left(\frac{\partial x_j}{\partial q_i}\right)$$

と書いてよいことがわかる．これを(1.41)の右辺第2項に入れると

$$\dot{p}_i = \sum_j m_j \ddot{x}_j \frac{\partial x_j}{\partial q_i} + \sum_j m_j \dot{x}_j \frac{\partial \dot{x}_j}{\partial q_i}$$

となるが，Q_i の定義(1.31)はそのままであるから，右辺第1項は Q_i そのものであり，第2項は $\partial T/\partial q_i$ を表わしているので，結局この式は

$$\frac{d}{dt}\left(\frac{\partial T}{\partial \dot{q}_i}\right) = Q_i + \frac{\partial T}{\partial q_i} \qquad \left(Q_i = -\frac{\partial U}{\partial q_i}\right)$$

となり，(1.43)と同形である．ポテンシャル U は $U(q_1, \cdots, q_f, t)$ となるが，(1.34)は成り立つので，(1.43)～(1.47)もそのまま使ってよいことがわかる．

こうなると，ラグランジュのやり方の有用性はますます顕著になってくる．支点が動く振り子を例にとって調べてみよう．これをニュートン式にやろうとすると，いろいろな配慮が必要になり，誤りをおかしやすいのであるが，ラグランジュ方程式を使うと，つぎのように全く機械的に処理できるのである．

運動エネルギーは(2.8)で与えられ，ポテンシャル・エネルギーは

$$U = -mgl\cos\theta$$

であるから，ラグランジュ関数は

$$L = \frac{m}{2}(l^2\dot{\theta}^2 + 2l\dot{\theta}F'\cos\theta + F'^2) + mgl\cos\theta$$

したがって

$$p_\theta = \frac{\partial L}{\partial\dot{\theta}} = ml^2\dot{\theta} + mlF'\cos\theta$$

$$\frac{d}{dt}\left(\frac{\partial L}{\partial\dot{\theta}}\right) = ml^2\ddot{\theta} + mlF''\cos\theta - mlF'\dot{\theta}\sin\theta$$

$$\frac{\partial L}{\partial\theta} = -ml\dot{\theta}F'\sin\theta - mgl\sin\theta$$

となり，運動方程式は

$$\ddot{\theta} + \frac{g}{l}\sin\theta = -\frac{1}{l}F''\cos\theta$$

となることが導かれる．

傾角がいつも小さく（$\sin\theta \fallingdotseq \theta$，$\cos\theta \fallingdotseq 1$），支点の運動 $F(t)$ が単振動ならば，$F(t) = A\cos\omega t$ として

$$\ddot{\theta} + \frac{g}{l}\theta = \frac{A\omega^2}{l}\cos\omega t$$

はよく知られた強制振動の式になっている．$F(t)=0$ のときの自由振動の角振動数は $\omega_0 = \sqrt{g/l}$ であるから，$\omega = \omega_0$ であると $\theta(t)$ は振幅が t に比例して増大する振動になるが，これは振り子を手に持って揺らすときに経験することである．

問題2　図2-6の振り子を，ラグランジュ方程式を使わずに扱うにはどうしたらよいか．

問題3　鉛直上向きの軸と角 $\alpha\left(<\frac{\pi}{2}\right)$ を保ちながら，この軸のまわりに一定角速度 ω で回転するなめらかな棒上に束縛されている質点の運動を調べよ．

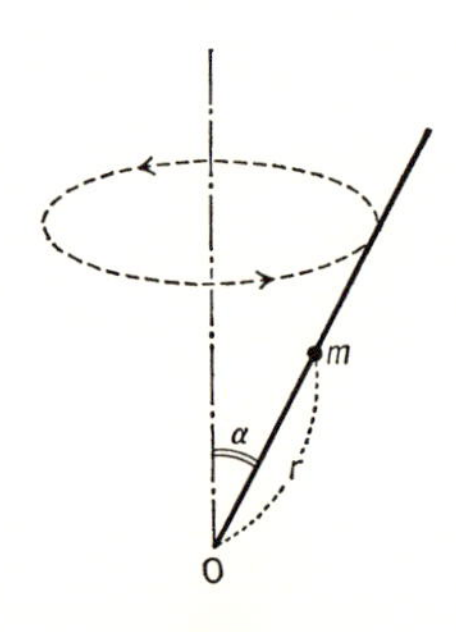

問題3

2-4　回転座標系とローレンツ力

束縛条件が時間に直接に依存するときには，デカルト座標と一般化座標の間の変換は(2.9)のように t を直接に含むものになる．束縛と関係はないが，同様に時間を含む変換の例として，回転座標系を考えてみることにしよう．

空間に固定した直交直線座標系 x, y, z と $t=0$ で一致し，z 軸のまわりで角速度 ω で回転している座標系を x', y', z' とすると

$$
\begin{aligned}
x &= x'\cos\omega t - y'\sin\omega t \\
y &= x'\sin\omega t + y'\cos\omega t \\
z &= z'
\end{aligned}
\tag{2.13}
$$

という関係が成り立つ．この x', y', z' を一般化座標として扱うことにすると

$$
\begin{aligned}
\dot{x} &= \dot{x}'\cos\omega t - \dot{y}'\sin\omega t - \omega(x'\sin\omega t + y'\cos\omega t) \\
\dot{y} &= \dot{x}'\sin\omega t + \dot{y}'\cos\omega t + \omega(x'\cos\omega t - y'\sin\omega t) \\
\dot{z} &= \dot{z}'
\end{aligned}
$$

であるから，(2.11)の $\partial x_i/\partial t$ に相当するのが右辺の $(\cdots)$ の項である．T は

$$
\begin{aligned}
T &= \frac{m}{2}(\dot{x}^2 + \dot{y}^2 + \dot{z}^2) \\
&= \frac{m}{2}(\dot{x}'^2 + \dot{y}'^2 + \dot{z}'^2) + m\omega(x'\dot{y}' - y'\dot{x}') + \frac{1}{2}m\omega^2(x'^2 + y'^2)
\end{aligned}
\tag{2.14}
$$

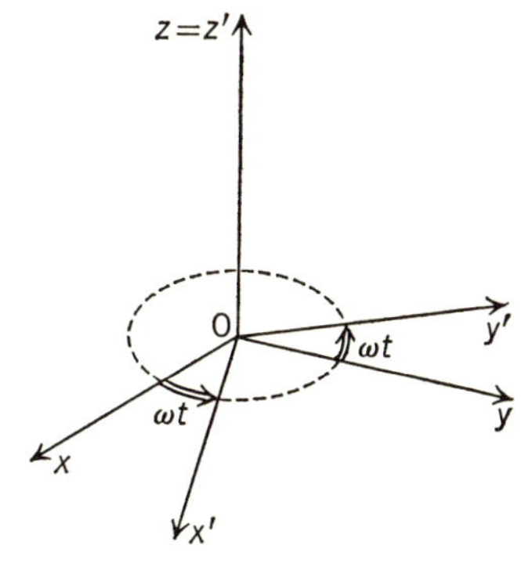

図 2-7

となり，ポテンシャル・エネルギー U は x, y, z の関数であるから回転座標系においても $\dot{x}', \dot{y}', \dot{z}'$ は含まないので

$$\frac{d}{dt}\left(\frac{\partial L}{\partial \dot{x}'}\right) = \frac{d}{dt}\left(\frac{\partial T}{\partial \dot{x}'}\right) = \frac{d}{dt}(m\dot{x}' - m\omega y') = m\ddot{x}' - m\omega\dot{y}'$$

$$\frac{d}{dt}\left(\frac{\partial L}{\partial \dot{y}'}\right) = \frac{d}{dt}\left(\frac{\partial T}{\partial \dot{y}'}\right) = \frac{d}{dt}(m\dot{y}' + m\omega x') = m\ddot{y}' + m\omega\dot{x}'$$

$$\frac{d}{dt}\left(\frac{\partial L}{\partial \dot{z}'}\right) = \frac{d}{dt}\left(\frac{\partial T}{\partial \dot{z}'}\right) = \frac{d}{dt}(m\dot{z}') = m\ddot{z}'$$

ということになる．また

$$\frac{\partial L}{\partial x'} = m\omega\dot{y}' + m\omega^2 x' - \frac{\partial U}{\partial x'}$$

$$\frac{\partial L}{\partial y'} = -m\omega\dot{x}' + m\omega^2 y' - \frac{\partial U}{\partial y'}$$

$$\frac{\partial L}{\partial z'} = -\frac{\partial U}{\partial z'}$$

であるから，ラグランジュ方程式は

$$\begin{aligned} m\ddot{x}' &= -\frac{\partial U}{\partial x'} + 2m\omega\dot{y}' + m\omega^2 x' \\ m\ddot{y}' &= -\frac{\partial U}{\partial y'} - 2m\omega\dot{x}' + m\omega^2 y' \\ m\ddot{z}' &= -\frac{\partial U}{\partial z'} \end{aligned} \tag{2.15}$$

となる．

右辺の第2項を**コリオリの力**(Coriolis' force)といい，大きさが ω で z 方向をもつベクトル $\boldsymbol{\omega}$ を用いると

$$2m(\dot{\boldsymbol{r}}' \times \boldsymbol{\omega})$$

という形にまとめられる．これは，回転座標系に対する相対速度 $\dot{\boldsymbol{r}}'$ と $\boldsymbol{\omega}$ の両方に垂直で，大きさは $2m|\dot{\boldsymbol{r}}'|\omega \sin\theta$ に比例する．ただし θ は $\dot{\boldsymbol{r}}'$ と z' 方向の間の角である．

(2.15)の右辺の第3項はよく知られた**遠心力**であり，大きさは $m|\boldsymbol{r}'|\omega^2 \sin\theta$ に等しく，回転軸(z' 軸)から遠ざかる向きをもつ．この2つの力は，座標系の

回転によって生じる慣性力(みかけの力)である(『力学』208-217 ページ参照).

コリオリの力は速度に依存する力であるが，これによく似たものに，荷電粒子が磁場から受ける力がある．電荷 e をもった粒子が，強さ $\boldsymbol{E}$ の電場，磁束密度 $\boldsymbol{B}$ の磁場のなかを速度 $\boldsymbol{v}$ で運動するとき

$$\boldsymbol{F} = e(\boldsymbol{E}+\boldsymbol{v}\times\boldsymbol{B}) \tag{2.16}$$

という力を受けることが知られている．これを**ローレンツ力**(Lorentz's force)という．もし $\boldsymbol{B}$ が z 方向の一様な場

$$B_x = B_y = 0, \qquad B_z = B$$

ならば，$(\boldsymbol{v}\times\boldsymbol{B})_x = \dot{y}B$，$(\boldsymbol{v}\times\boldsymbol{B})_y = -\dot{x}B$ であるから，電場のポテンシャルを Φ として $(\boldsymbol{E}=-\nabla\Phi)$，荷電粒子の運動方程式は

$$\begin{aligned} m\ddot{x} &= -e\frac{\partial\Phi}{\partial x}+eB\dot{y} \\ m\ddot{y} &= -e\frac{\partial\Phi}{\partial y}-eB\dot{x} \\ m\ddot{z} &= -e\frac{\partial\Phi}{\partial z} \end{aligned} \tag{2.17}$$

となる．これと(2.15)とをくらべると，遠心力を除けばよく対応していることに気づく．遠心力は(2.14)の最後の項から，コリオリの力はその前の項から出てくることを考えると，(2.17)を導くようなラグランジュ関数は

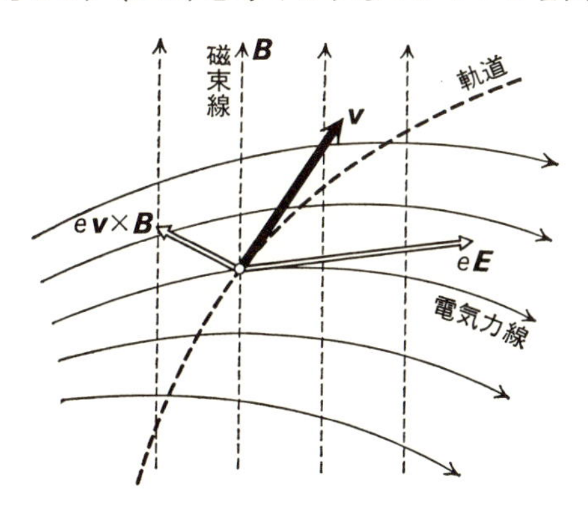

図 2-8　ローレンツ力($e>0$ の場合).

$$L = \frac{m}{2}(\dot{x}^2+\dot{y}^2+\dot{z}^2)+\frac{eB}{2}(x\dot{y}-y\dot{x})-e\Phi \tag{2.18}$$

であることがわかる.

例題1　(2.18)式のラグランジュ関数から運動方程式(2.17)が出てくることを確かめよ.

[解]　$$\frac{\partial L}{\partial \dot{x}} = m\dot{x}-\frac{eB}{2}y, \qquad \frac{\partial L}{\partial \dot{y}} = m\dot{y}+\frac{eB}{2}x, \qquad \frac{\partial L}{\partial \dot{z}} = m\dot{z}$$

であるから

$$\frac{d}{dt}\left(\frac{\partial L}{\partial \dot{x}}\right) = m\ddot{x}-\frac{eB}{2}\dot{y}$$

$$\frac{d}{dt}\left(\frac{\partial L}{\partial \dot{y}}\right) = m\ddot{y}+\frac{eB}{2}\dot{x}$$

$$\frac{d}{dt}\left(\frac{\partial L}{\partial \dot{z}}\right) = m\ddot{z}$$

また

$$\frac{\partial L}{\partial x} = \frac{eB}{2}\dot{y}-e\frac{\partial \Phi}{\partial x} = \frac{eB}{2}\dot{y}+eE_x$$

$$\frac{\partial L}{\partial y} = -\frac{eB}{2}\dot{x}-e\frac{\partial \Phi}{\partial y} = -\frac{eB}{2}\dot{x}+eE_y$$

$$\frac{\partial L}{\partial z} = -e\frac{\partial \Phi}{\partial z} = eE_z$$

したがって，ラグランジュの方程式は

$$m\ddot{x} = eE_x+eB\dot{y}, \qquad m\ddot{y} = eE_y-eB\dot{x}, \qquad m\ddot{z} = eE_z$$

となって(2.17)を与える. ▌

回転座標系の場合のラグランジュ関数は(2.14)の T からポテンシャル $U(x,y,z)$ を引いたものになるが，もし U の関数形が $\sqrt{x^2+y^2}$ と z の関数になっていれば(z 軸に関して軸対称)，$z'=z$，$x'^2+y'^2=x^2+y^2$ であるから U は z 軸のまわりの回転で不変であり，回転で時間的な変化は生じないことになる.

$$U(x,y,z) = U(x',y',z')$$

したがって，ラグランジュ関数は t を直接含まず

$$L(x,y,z,\dot{x},\dot{y},\dot{z})=\frac{m}{2}(\dot{x}^2+\dot{y}^2+\dot{z}^2)+m\omega(x\dot{y}-y\dot{x})-U(x,y,z)+\{\omega^2 \text{ の項}\}$$

という形になる．肩符号 ′ は全部省いた．

これと(2.18)式とを比較すると，つぎの**ラーモアの定理**(Larmor's theorem)が容易に導かれる．

> z 軸に関して軸対称な電場内にある荷電粒子系に，さらに z 方向の一様な磁場(磁束密度を B とする)を加えたときの運動は，$B=0$ のときの運動を角速度 $\omega=eB/2m$ で z 軸のまわりをまわる回転座標系から見たものと(ω^2 の項を省略した近似で)同一である．

$\omega=eB/2m$ を**ラーモア周波数**という．

［電磁気学やベクトル解析になじみのうすい読者は，さしあたりこの節の以下のところをとばしてもよい．］

磁場を表わすのに，

$$\boldsymbol{B}=\mathrm{rot}\,\boldsymbol{A}$$

となるようなベクトル $\boldsymbol{A}(\boldsymbol{r},t)$ を用いることが多い．この $\boldsymbol{A}$ を**ベクトル・ポテンシャル**という．z 方向の一様な磁場 B が

$$A_x=-\frac{1}{2}By,\qquad A_y=\frac{1}{2}Bx,\qquad A_z=0$$

から得られることは容易に確かめられる．これを入れると(2.18)は

$$L=\frac{m}{2}(\dot{x}^2+\dot{y}^2+\dot{z}^2)+e(A_x\dot{x}+A_y\dot{y}+A_z\dot{z})-e\Phi$$

すなわち

$$L=\frac{1}{2}m(\dot{x}^2+\dot{y}^2+\dot{z}^2)+e(\boldsymbol{A}\cdot\dot{\boldsymbol{r}})-e\Phi \tag{2.19}$$

となるが，この式はもっと一般の磁場でも成り立つことが次のようにして確かめられる．

$$\frac{\partial L}{\partial \dot{x}}=m\dot{x}+eA_x,\qquad \frac{\partial L}{\partial \dot{y}}=m\dot{y}+eA_y,\qquad \frac{\partial L}{\partial \dot{z}}=m\dot{z}+eA_z$$

であるから

$$\frac{d}{dt}\left(\frac{\partial L}{\partial \dot{x}}\right) = m\ddot{x}+e\left(\frac{\partial A_x}{\partial t}+\frac{\partial A_x}{\partial x}\frac{dx}{dt}+\frac{\partial A_x}{\partial y}\frac{dy}{dt}+\frac{\partial A_x}{\partial z}\frac{dz}{dt}\right)$$

y, z 成分も同様

となる．ここで dA_x/dt と $\partial A_x/\partial t$ との違いは，$A_x(x, y, z, t)$ の x, y, z も t の関数として——荷電粒子の運動に伴って——変わることを考慮に入れるか否かの違いである．また

$$\frac{\partial L}{\partial x} = e\frac{\partial A_x}{\partial x}\dot{x}+e\frac{\partial A_y}{\partial x}\dot{y}+e\frac{\partial A_z}{\partial x}\dot{z}-e\frac{\partial \Phi}{\partial x}$$

であるから，x に対するラグランジュ方程式は

$$\begin{aligned} m\ddot{x} &= -e\left(\frac{\partial \Phi}{\partial x}+\frac{\partial A_x}{\partial t}\right)+e\left(\frac{\partial A_y}{\partial x}-\frac{\partial A_x}{\partial y}\right)\dot{y}-e\left(\frac{\partial A_x}{\partial z}-\frac{\partial A_z}{\partial x}\right)\dot{z} \\ &= -e\left(\nabla\Phi+\frac{\partial \boldsymbol{A}}{\partial t}\right)_x+e\dot{y}(\mathrm{rot}\,\boldsymbol{A})_z-e\dot{z}(\mathrm{rot}\,\boldsymbol{A})_y \\ &= -e\left(\nabla\Phi+\frac{\partial \boldsymbol{A}}{\partial t}\right)_x+e(\dot{\boldsymbol{r}}\times\mathrm{rot}\,\boldsymbol{A})_x \end{aligned}$$

となることがわかる．$\boldsymbol{B}=\mathrm{rot}\,\boldsymbol{A}$ および，時間変化する電場の表式

$$\boldsymbol{E} = -\nabla\Phi-\frac{\partial \boldsymbol{A}}{\partial t}$$

を用いると，他の成分もいっしょにしたベクトル記号で

$$m\ddot{\boldsymbol{r}} = e\boldsymbol{E}+e(\dot{\boldsymbol{r}}\times\boldsymbol{B})$$

が得られる．右辺は(2.16)式のローレンツ力になっている．(2.19)の右辺の最後の項がこの場合の $-U$ である．

問題 4　ラグランジアンが(2.19)で与えられるとき，(1.48)はどうなるか．

2-5　散逸関数

コリオリの力や磁場によるローレンツ力は，物体の速度に比例するような力であるが，その方向がつねに速度に垂直であるために仕事をしない．そしてそのような力の効果は，(2.19)式の右辺第2項のような形でラグランジュ関数に

取り入れられることを知った.

今度は，速度に比例するような抵抗力(あるいは摩擦力)が存在する場合を考えてみよう．そのような力をデカルト座標で表わすと，k_i を正の定数として

$$F_i' = -k_i\dot{x}_i \qquad (i=1, 2, \cdots, n)$$

となる．微小変位 $dx_1, dx_2, \cdots, dx_n$ のときにこのような抵抗力のする(負の)仕事は，(1.30)により

$$\delta' W = -\sum_i k_i\dot{x}_i dx_i$$

ということになる．これらの変位が dt 時間内の運動による実際の変位の場合には，これを dt で割った

$$-\sum_i k_i\dot{x}_i^2$$

は抵抗によってエネルギーが失われる割合いを表わす．これの半分の符号を変えた

$$\boxed{D \equiv \frac{1}{2}\sum_i k_i\dot{x}_i^2} \tag{2.20}$$

によって，この系の**散逸関数**というものを定義する．これはレイリー卿(Lord Rayleigh)が1873年に導入したものである.

この散逸関数 D を用いると，抵抗力は

$$F_i' = -\frac{\partial D}{\partial \dot{x}_i}$$

と表わされることになる．そこで，デカルト座標から一般化座標に移ることにすると，力も(1.31)によって一般化力に変換される.

$$Q_j' = \sum_i F_i' \frac{\partial x_i}{\partial q_j} = -\sum_i \frac{\partial D}{\partial \dot{x}_i}\frac{\partial x_i}{\partial q_j}$$

ここで(1.28)を使うと

$$Q_j' = -\sum_i \frac{\partial D}{\partial \dot{x}_i}\frac{\partial \dot{x}_i}{\partial \dot{q}_j}$$

と変形されるから，結局これは

$$Q_j' = -\frac{\partial D}{\partial \dot{q}_j}$$

というすっきりした形にまとまる．

抵抗力以外の力はポテンシャル U から導かれるときには，$L=T-U$ として，(1.46)の右辺に上の式を入れればよいことになる．したがってこの場合のラグランジュの方程式は

$$\boxed{\frac{d}{dt}\left(\frac{\partial L}{\partial \dot{q}_i}\right)-\frac{\partial L}{\partial q_i}+\frac{\partial D}{\partial \dot{q}_i}=0} \tag{2.21}$$

という形になる．

問題 5　平面極座標 r, θ を用いる場合に，$k_1=k_2=k$ として，散逸関数 D はどのようになるか．また，それから Q_r' と Q_θ' とを求めよ．中心力とこのような抵抗力とを受けて運動する質点の面積速度は時間とともにどのような変化をするか．

2-6　オイラーの角

さきにも述べたように，剛体というのは構成する質点間にその距離をすべて一定に保つというホロノミックな束縛のある質点系と考えられる．その結果，剛体の自由度は 6 になっている．剛体の運動を記述するには，剛体に固定した直交直線座標 O′-$\xi\eta\zeta$ を定めておけば，O′ の位置を指定する座標 3 個と，O′-$\xi\eta\zeta$ の方位をきめる 3 つの角を用いればよいからである．3 つの角としてよく用いられるのが，『力学』205 ページで導入された**オイラーの角**(Eulerian angles) θ, ϕ, ψ である(図 2-9)．この節では，これらを一般化座標とした場合のラグランジュの方程式を扱ってみることにしよう．

いま，O 点は固定されていて，剛体の運動は θ, ϕ, ψ の時間変化で記述される回転だけであるとする．そうすると，$\dot{\theta}$ は y'' 軸のまわりの角速度，$\dot{\phi}$ は z 軸のまわりの角速度，$\dot{\psi}$ は ζ 軸のまわりの角速度をあらわしている．角速度は，そ

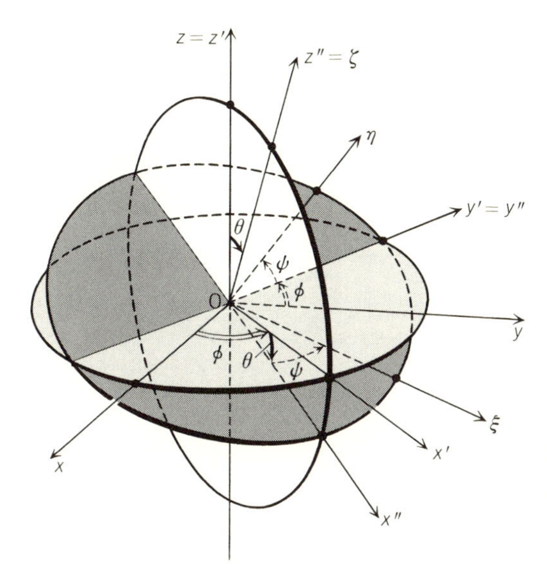

図 2-9　オイラーの角.

の回転軸に沿って右ネジの進む向きと一致するベクトルであらわされる．そして，$\dot{\theta}, \dot{\phi}, \dot{\psi}$ が同時に存在するときには，これらを大きさとし，それぞれ y'' 軸，z 軸，ζ 軸の方向をもったベクトルとして，平行四辺形の法則で合成できる．合成した角速度ベクトルを $\boldsymbol{\omega}$ とすると，その x, y, z 成分は，諸軸間の関係を用いると

$$\begin{aligned} \omega_x &= -\dot{\theta}\sin\phi + \dot{\psi}\sin\theta\cos\phi \\ \omega_y &= \dot{\theta}\cos\phi + \dot{\psi}\sin\theta\sin\phi \\ \omega_z &= \dot{\phi} + \dot{\psi}\cos\theta \end{aligned} \tag{2.22}$$

で与えられることがわかる．同じ $\boldsymbol{\omega}$ を ξ, η, ζ 成分に分ければ

$$\begin{aligned} \omega_\xi &= \dot{\theta}\sin\psi - \dot{\phi}\sin\theta\cos\psi \\ \omega_\eta &= \dot{\theta}\cos\psi + \dot{\phi}\sin\theta\sin\psi \\ \omega_\zeta &= \dot{\phi}\cos\theta + \dot{\psi} \end{aligned} \tag{2.23}$$

となることも，O-xyz と O-$\xi\eta\zeta$ の関係から容易にわかるであろう．

問題6　頂角が60°で底面の直径がlの直円錐が，水平面上を一様に(図の$\dot{\phi}=\Omega$が一定)ころがる．これをオイラーの角を用いて表わすとどうなるか．また，図のP点がこの瞬間に持つ速度はどうなっているか．

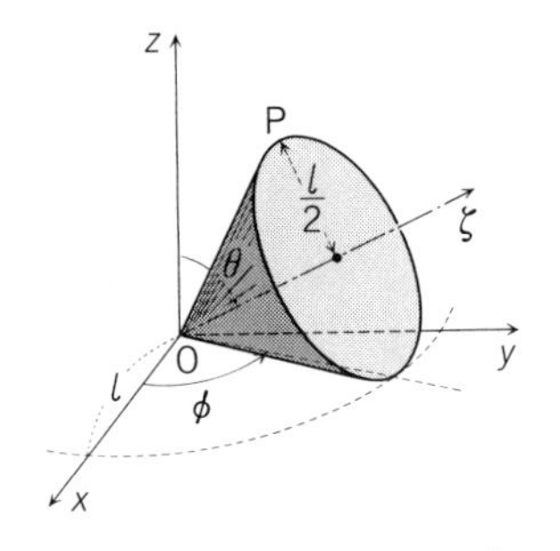

オイラーの角の応用例として，『力学』の第7章に出てきたコマの運動を取り上げてみよう．オイラーの角を一般化座標とみなしてラグランジュの方程式を立てれば，きわめて機械的に方程式が導出できるのである．

図2-10のように，下端を固定点として重力を受けながら回転するコマを考える．コマの軸をζ軸にとって，Oを通りこれに垂直にコマに固定したξ軸，η軸をとったとすると，ξ軸のまわりの慣性モーメントとη軸のまわりのそれとが等しくなるように(軸対称的に)できているのがふつうのコマである．それをI_1，ζ軸のまわりの慣性モーメントをI_2とする．対称性からいって，慣性乗積はすべて0になり，ξ, η, ζ軸はOを通る慣性主軸になっている．そうすると，このコマの運動エネルギーは『力学』169ページの(7.17)式に示されているように

$$T=\frac{1}{2}\{I_1(\omega_\xi{}^2+\omega_\eta{}^2)+I_2\omega_\zeta{}^2\}$$

で与えられるから，これに(2.23)を代入すれば

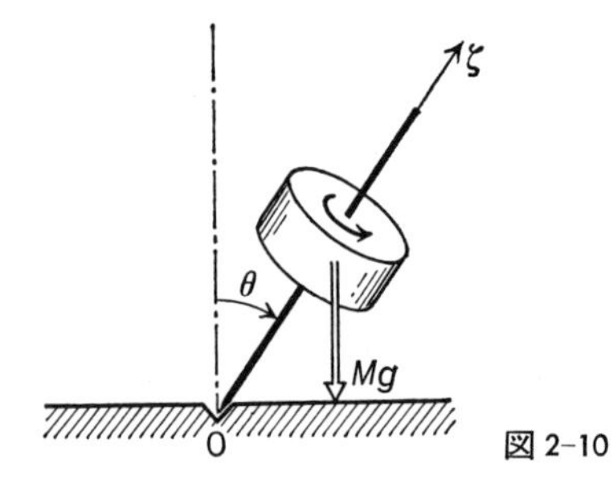

図2-10

$$T=\frac{1}{2}\{I_1(\dot{\theta}^2+\dot{\phi}^2\sin^2\theta)+I_2(\dot{\phi}\cos\theta+\dot{\psi})^2\} \tag{2.24}$$

となる.

コマの重心が最下端から l のところにあるとすると，コマの質量を M として，ポテンシャル・エネルギーは

$$U=Mgl\cos\theta \tag{2.25}$$

で与えられる. $L=T-U$ のなかに ϕ と ψ は含まれないから，これらは循環座標になっていることがわかる. したがって

$$p_\phi\equiv\frac{\partial L}{\partial\dot{\phi}}=I_1\dot{\phi}\sin^2\theta+I_2(\dot{\phi}\cos\theta+\dot{\psi})\cos\theta=a \quad (\text{一定}) \tag{2.26}$$

$$p_\psi\equiv\frac{\partial L}{\partial\dot{\psi}}=I_2(\dot{\phi}\cos\theta+\dot{\psi})=b \quad (\text{一定}) \tag{2.27}$$

がただちに得られる.

いま扱っているのは，最初にも断わったようにホロノミックな系であり，束縛は直接時間に関係せず，したがって $L=T-U$ は $\theta, (\phi, \psi), \dot{\theta}, \dot{\phi}, \dot{\psi}$ だけで表わされ t は入ってきていない. このような系に対しては1-6節の議論がそのまま適用できるから，$T+U=E$(一定) というエネルギー保存則が成立する.

$$\frac{1}{2}\{I_1(\dot{\theta}^2+\dot{\phi}^2\sin^2\theta)+I_2(\dot{\phi}\cos\theta+\dot{\psi})^2\}+Mgl\cos\theta=E \tag{2.28}$$

(2.26)～(2.28)の3式から $\dot{\phi}$ と $\dot{\psi}$ を消去すれば θ と $\dot{\theta}$ だけの式が得られるから，それを解いて $\dot{\theta}$ を θ の関数として表わすことができる. それを

$$\frac{d\theta}{dt}=f(\theta)$$

とすれば

$$\int\frac{d\theta}{f(\theta)}=\int dt$$

によって $\theta(t)$ が求められる. この手続きは，一般の場合には，楕円積分などという特殊関数を必要とし，あまり容易でない. いくつかの特別な場合については，『力学』の第7章に述べられているので，それを参照していただきたい.

なお，θ に対するラグランジュの方程式を使わなかったのは，エネルギー保

存則をその代りに使ったからである．$\ddot{\theta}$ を含むラグランジュの方程式を用いるより，それを一度積分した形で $\dot{\theta}$ と θ のみを含む**エネルギー積分**(2.28)を利用した方が余計な手間が省けるからである．

オイラーと力学

動力学を確立したのはいうまでもなくニュートンであるが，その『プリンキピア』(自然哲学の数学的原理)の叙述が幾何学的スタイルであることが読者を悩ませた．いまわれわれが読むとなおさらである．オイラー(Leonhard Euler, 1707–1783)はそのことを指摘して次のように述べた．

「解析学がどこかで必要とされるとしたら，とりわけ力学こそはそれを必要とする分野であろう．読者は表示された命題の真理であることを信じてはいるが，十分明確かつ正確にそれらの命題を理解できない．したがって，解析学に頼らず，解析的方法によって解かないとしたら，同じ問題をほんのわずか変えただけで，読者はそれを独力で解くことができないであろう．」

これは彼自身の体験に基づくものであったという．そこでオイラーは，証明を解析的なものに書き直すことに着手し，彼の『力学』が「解析力学的に提示された運動の科学」という副題つきで刊行された(1736年)．これは質点の動力学を扱ったものである．彼はかねてから，質点，剛体，弾性体，流体質点系など，あらゆる範囲にわたる力学理論の構築を計画しており，その後，非粘性流体の流れに関する基礎方程式(オイラーの方程式)の導出(1755年)，慣性モーメントとか瞬間回転軸の概念を導入して剛体の力学をつくる(1760年)など，多くの業績を残した．力学に関する彼の論文や著書の数は200を越えるという．

第2章演習問題

［1］ 長さ l_1, l_2, 質量 M_1, M_2 の一様な剛体棒が，軽い第3の弾性棒にその端を固定されている．固定のしかたは，2本が互いに平行で，第3の棒には垂直になっており，固定点間の距離は a である．弾性棒は両端を支えられて水平に保たれているが，支点では自由に回転できるようになっている．剛体棒が鉛直につり下がった状態がつり合いの状態であるが，これらが傾くと振動がおこる．傾きは弾性棒に垂直な面内でおきるとして，傾きの角 θ_1, θ_2 が等しくないと弾性棒は捩れるので，これに対しては $\theta_1-\theta_2$ に比例した弾性力(トルク)が生じる．この系のラグランジアンを記し，運動方程式を導け．

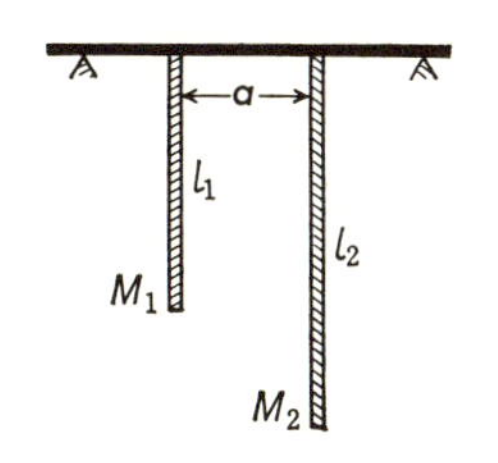

問題1

［2］ 半径 a の一様な円筒が，軸を水平にして固定された半径 R の円筒面の内側で，すべることなく転がる運動について，

(a) ラグランジュ関数を求めよ．

(b) 運動方程式を求めよ．

(c) つり合いの位置の近くで行なわれる微小振動の周期を計算せよ．

$R>a$ とする．

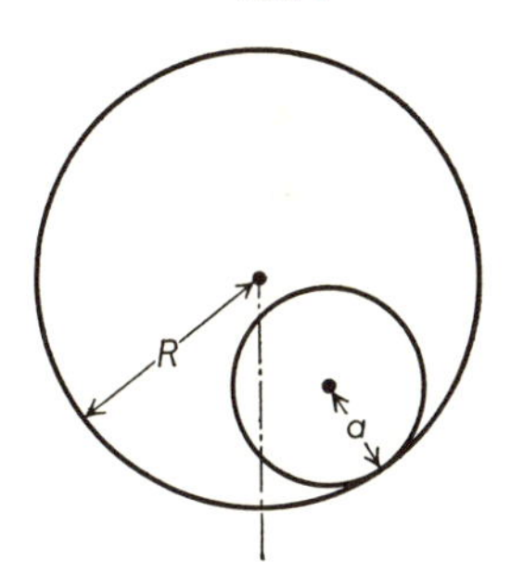

問題2

［3］ 長さ l の軽い剛体棒の一方の端に質量 m のおもりを固定し，他の端をなめらかなちょうつがいでピストンの上端に連結する．ピストンの上端が鉛直に $a\cos\omega t$ のような振動を行なうとき，棒の鉛直との傾きの角 θ はどのような運動方程式に従うか．

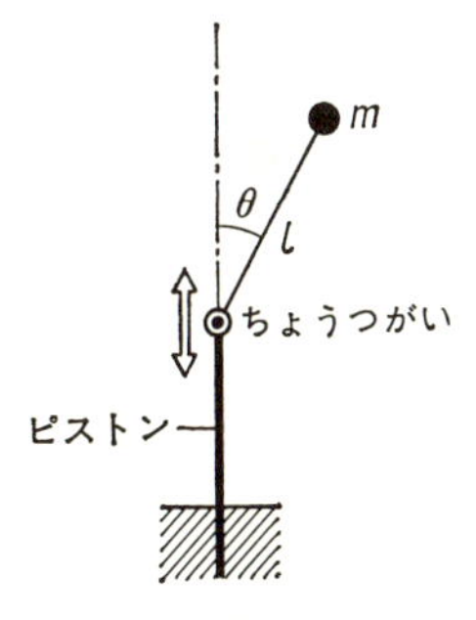

問題3

3

変分原理

物理学の基本法則のなかには，幾何光学におけるフェルマーの原理(光は所要時間が最短の径路を選ぶ)のように,「ある量を最小または最大にするように生じている」という形に表現できるものが多い．力学の法則をそのように見なおすことで，新しい展望も開ける．

3-1 オイラーの方程式

曲線 $y=f(x)$ があるとき，$x=a$ から $x=b$ までの間のこの曲線の長さは

$$ds=\sqrt{(dx)^2+(dy)^2}=\sqrt{1+\left(\frac{dy}{dx}\right)^2}dx$$

を区間 (a, b) で積分した

$$l=\int_a^b\sqrt{1+y'^2}dx$$

で与えられる．ただし

$$y'=\frac{dy}{dx}$$

である．またこの曲線に沿って，線密度(単位長さあたりの質量)が σ の鎖(くさり)が存在するとしたとき，y が鉛直上向きとして，a から b までの鎖がもつ重力の位置エネルギーは

$$U=\int_a^b\sigma gyds=\sigma g\int_a^b y\sqrt{1+y'^2}dx$$

で計算される．上の例では被積分関数は y と y' のみで表わされたが，x を含むような例も考えられる．

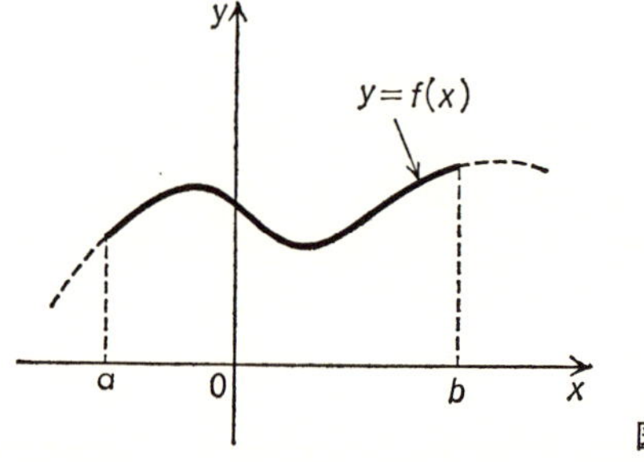

図 3-1

このように，x と y と y' の関数 $F(x, y, y')$ ――結局は x の関数になる――を x のある区間で積分した

$$I=\int_a^b F(x,y,y')dx \tag{3.1}$$

というものを考えると，これの値は $y=f(x)$ の関数形がどのようなものであるかによって違ってくる．このとき，I は関数 $y=f(x)$ の**汎関数**であるといい，$I[y]$ などと記してそのことを表わす．x の値によって y が異なった値をとるのが関数であるが，y の関数形によって I が異なる値をとるのが汎関数である．

関数が極大または極小値(一般には停留値)をとるときには，その付近で x を dx だけ変化させても，それに対応する y の変化 $dy=(dy/dx)dx$ は 0 である．同様に，$y=f(x)$ の関数形をいろいろに変えて I の値を求めたとするとき，この $I[y]$ の値が極大または極小(停留値)になるような $f(x)$ の形が見つかったとすると，そのような関数 $f_{\mathrm{m}}(x)$ で求めた $I[f_{\mathrm{m}}(x)]$ と，この $f_{\mathrm{m}}(x)$ からほんの少しずれた関数 $f(x)$ で計算した $I[f(x)]$ との差——これを I の**変分**と呼び δI と記す——は 0 になるであろう．

$$\delta I = I[f(x)]-I[f_{\mathrm{m}}(x)] = 0$$

それではこのような関数 $f_{\mathrm{m}}(x)$ をどうやって求めたらよいのであろうか．長さのきまった鎖の両端を持ってたらせば，鎖は重力に対する位置エネルギーが最小になるような形をとるであろうが，それはどんな形なのであろうか．両端が与えられたとき，それを結ぶ曲線のうちで長さが最小のものが直線であることは誰でも知っているが，どうやってそれを確認できるのであろうか．このような問題を扱うのが変分法である．

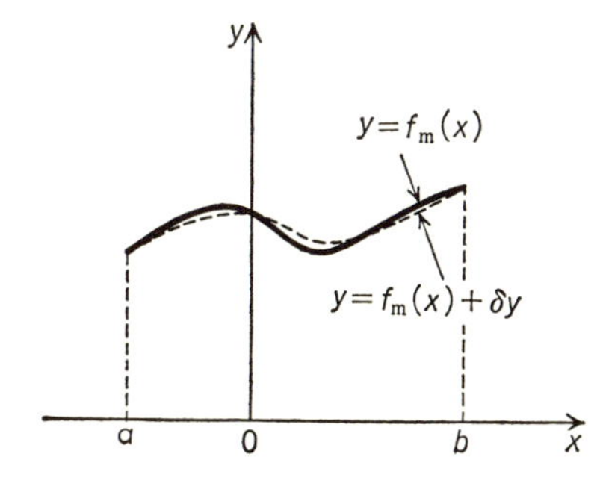

図 3-2 実線の関数が I を極大または極小にするなら，それからわずかに異なる破線のような関数をとっても I は同じ値をとるであろう．

いま，I が(3.1)式で与えられるとして，$f_{\rm m}(x)$ で求めた y と y'，つまり $f_{\rm m}(x)$ と $f_{\rm m}'(x)$，を(3.1)に入れて計算したものを $I[f_{\rm m}]$ とする．

$$I[f_{\rm m}] = \int_a^b F(x, y, y')dx$$

$f_{\rm m}(x)$ とわずかに異なる $f(x)$ を使って求めた y と y'，つまり $f(x)$ と $f'(x)$，を $y+\delta y$, $y'+\delta y'$ としよう．

$$f(x) = f_{\rm m}(x)+\delta y, \qquad f'(x) = f_{\rm m}'(x)+\delta y'$$

この $f(x)$ で計算した $I[f]$ は

$$I[f] = \int_a^b F(x, y+\delta y, y'+\delta y')dx$$

となる．a と b の間のすべての x に対して $F(x, y+\delta y, y'+\delta y')$ を計算してそれを積分せよ，ということである．そうすると，変分 δI というのは

$$\begin{aligned}\delta I &= I[f]-I[f_{\rm m}]\\ &= \int_a^b F(x, y+\delta y, y'+\delta y')dx - \int_a^b F(x, y, y')dx\\ &= \int_a^b [F(x, y+\delta y, y'+\delta y')-F(x, y, y')]dx\end{aligned}$$

と表わされることになる．ところで，3変数 x, y, y' の関数である $F(x, y, y')$ ——例えば $y\sqrt{1+y'^2}$ ——について，δy と $\delta y'$ が微小なら

$$F(x, y+\delta y, y'+\delta y') = F(x, y, y')+\frac{\partial F}{\partial y}\delta y+\frac{\partial F}{\partial y'}\delta y'$$

が成り立つから，上の δI は

$$\delta I = \int_a^b \left(\frac{\partial F}{\partial y}\delta y+\frac{\partial F}{\partial y'}\delta y'\right)dx \tag{3.2}$$

と書かれることがわかる．

さて，$f_{\rm m}(x)$ からほんの少しはずれた $f(x)=f_{\rm m}(x)+\delta y$ を考えるときに，δy はどのようにとってもよい．図3-2の破線のようにとっても，逆に左の方で $f_{\rm m}$ より下，右の方で $f_{\rm m}$ より上にとってもよいし，もっとふらふら上下に波打たせてもかまわない．このように δy は任意(ただし微小)にとれるが，同時に $\delta y'$ まで同様に任意にとるわけにはいかない．δy のとり方によって $\delta y'$ はきま

ってしまうはずである．そこで $\delta y'$ と δy の関係を求めてみると

$$\delta y' = f'(x) - f_{\mathrm{m}}'(x)$$
$$= \frac{d}{dx}[f(x) - f_{\mathrm{m}}(x)] = \frac{d}{dx}\delta y$$

である．これを(3.2)の右辺の第2項に入れ，部分積分法を適用すると

$$\int_a^b \frac{\partial F}{\partial y'}\delta y' dx = \int_a^b \frac{\partial F}{\partial y'}\left(\frac{d}{dx}\delta y\right)dx$$
$$= \left[\frac{\partial F}{\partial y'}\delta y\right]_a^b - \int_a^b \frac{d}{dx}\left(\frac{\partial F}{\partial y'}\right)\delta y\, dx$$

となることがわかる．

δy のとり方は任意だと述べたが，図3-2の破線で示されているように，両端 $x=a$ と $x=b$ のところでは f と f_{m} が一致するようにとることにしよう．そうすると

$$\left[\frac{\partial F}{\partial y'}\delta y\right]_a^b = 0$$

となる．こうして得られた結果を(3.2)に代入すると

$$\delta I = \int_a^b \left[\frac{\partial F}{\partial y} - \frac{d}{dx}\left(\frac{\partial F}{\partial y'}\right)\right]\delta y\, dx$$

が得られる．前述のように δy は任意であるから，例示されたようないろいろな δy の選び方のどれに対してもこの $\delta I=0$ となるのが，$y=f_{\mathrm{m}}(x)$ に課された条件である．そのためには $y=f_{\mathrm{m}}(x)$ は a, b 間のすべての x で

$$\boxed{\frac{d}{dx}\left(\frac{\partial F}{\partial y'}\right) - \frac{\partial F}{\partial y} = 0} \tag{3.3}$$

を満たしていなければならない．こうして，I に停留値をとらせるような関数 $y=f_{\mathrm{m}}(x)$ を求める問題は，(3.3)を満たす関数を探す問題に帰着した．この(3.3)のことを，変分問題 $\delta I=0$ に対する**オイラーの方程式**という．

例題1　xy 平面内の2定点A, Bを結ぶ曲線のうちで長さが最小になるものを求めよ．

［解］　この場合の I は

$$I=\int_a^b\sqrt{1+y'^2}\,dx$$

であるから

$$F(x,y,y')=\sqrt{1+y'^2}$$

である．したがって

$$\frac{\partial F}{\partial y}=0,\qquad \frac{\partial F}{\partial y'}=\frac{y'}{\sqrt{1+y'^2}}$$

となり，オイラーの方程式は

$$\frac{d}{dx}\frac{y'}{\sqrt{1+y'^2}}=0$$

となるから

$$\frac{y'}{\sqrt{1+y'^2}}=\text{定数}\qquad \therefore\quad y'=\text{一定}$$

が得られる．これを満たす $y=f_{\mathrm{m}}(x)$ は x の１次式

$$y=Cx+D$$

つまり直線である．C,D は２点 A, B を通るようにきめればよい．▌

例題 2　高さの異なる２点 A, B がある．最初に高い方の点 A に静止していた質点が，重力の作用の下でなめらかな曲線に沿って B まですべり落ちるとき，要する時間が最小になるのはどのような曲線(**最速降下線** brachistochrone という)のときか．

［解］　A を原点にとって鉛直下向きに x 軸，B 点が xy 面内に入るように水平に y 軸をとる．x だけ下がった点で質点は速さ $\sqrt{2gx}$ をもつから，微小な長さ

$$ds=\sqrt{dx^2+dy^2}=\sqrt{1+y'^2}\,dx$$

だけすべるのに要する時間は

$$dt=\frac{ds}{\sqrt{2gx}}=\sqrt{\frac{1+y'^2}{2gx}}\,dx$$

となる．したがって

$$I=\int_{\mathrm{A}}^{\mathrm{B}}\sqrt{\frac{1+y'^2}{2gx}}\,dx$$

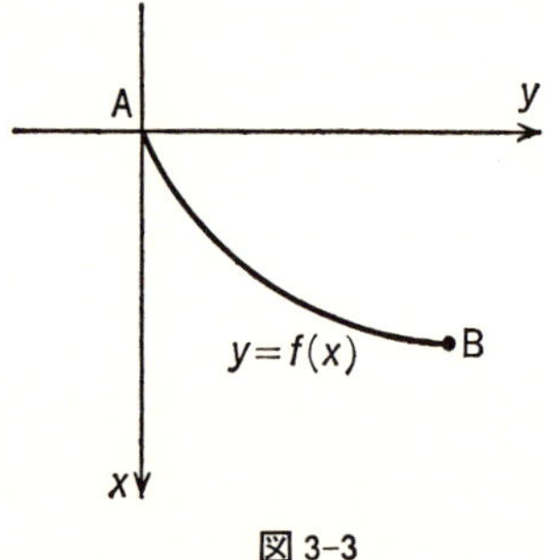

図 3-3

を最小にする $y=f(x)$ を求めるのが問題ということになる．

$$F=\sqrt{\frac{1+y'^2}{x}}$$

として(3.3)をつくれば

$$\frac{d}{dx}\sqrt{\frac{y'^2}{x(1+y'^2)}}=0 \qquad \therefore \quad \frac{y'^2}{x(1+y'^2)}=\text{一定}$$

が得られるから，右辺の定数を $1/2a$ とおくと

$$\frac{dy}{dx}=\sqrt{\frac{x}{2a-x}}$$

となる．

y 軸に沿って転がる半径 a の円周上の1点が描くサイクロイド(原点を通るもの)は，θ を回転角として

$$x=a(1-\cos\theta), \qquad y=a(\theta-\sin\theta)$$

で表わされるが，

$$\frac{dx}{d\theta}=a\sin\theta, \qquad \frac{dy}{d\theta}=a(1-\cos\theta)$$

から得られる

$$\frac{dy}{dx}=\frac{dy/d\theta}{dx/d\theta}=\frac{1-\cos\theta}{\sin\theta}$$

を x で表わすと

$$\frac{dy}{dx}=\sqrt{\frac{x}{2a-x}}$$

となることがわかる．したがって，求める最速降下線はサイクロイドである(図3-3)．a の値はBを通るようにきめる．(この問題は1696年にベルヌーイ Johan Bernoulli が提出し，変分法の基礎づけに用いたことで，数学史上有名である.)　▌

等周問題と変分法

「与えられた周をもつ平面図形のうち面積の最大のものを求めよ」あるいは「表面の面積が与えられた値をもつ立体のうちで体積の最大なものを求めよ」という問題を等周問題(isoperimetric problem)という．多くの数学者が研究し，答は円と球であることが古代からわかっていた．この種の問題を取り上げて数学者の注意を喚起し，オイラーやラグランジュによる変分法建設の基礎をつくったのはスイスのベルヌーイ(Bernoulli)兄弟である．

弟のヨハン・ベルヌーイが研究した等周問題が最速降下線であって，brachistochrone という名は，ギリシア語の *βραχιςτος*(ブラキストス，「最短の」という意味)と *χρόνος*(クロノス，「時間」)を組み合わせてつくった言葉である．彼は解を発見すると，当時の習慣に従って，全世界の優れた数学者たちにこの問題を知らせ，解いてみるように挑んだ．ライプニッツ(Leibniz)は知らせを受けるとその日のうちにこの問題を解いたといわれているが，兄のジャック(＝ヤーコプ)・ベルヌーイやニュートンも，答がサイクロイドであることを発見したという．

ところが，サイクロイドについてはすでにホイヘンス(Huygens)が詳しい研究を行なっていて，その線上のどこから質点をすべり落としても，落下時間が同じであることまで知られていたので，ヨハン・ベルヌーイは驚嘆したという．サイクロイド振り子で厳密に等時性が成り立つことはよく知られているが，ホイヘンスはその理由からこの曲線に等時曲線 tautochrone(*ταύτό*，タウト＝同一の)という名を与えていた．

なお，最初に挙げた古来の等周問題は「与えられた周をもつ」といった条件つきの変分問題で，それを扱う未定乗数法という方法がラグランジュによって考え出されているが，本書では使う必要がないので述べなかった．

3-2　ハミルトンの原理

前節では1つの関数 $y=f(x)$ の汎関数の場合を扱ったが，2つ以上の関数 $y_1=f(x), y_2=g(x), \cdots, y_n=h(x)$ があって，これらおよびその導関数 $y_1'=f'(x)$, $y_2'=g'(x), \cdots, y_n'=h'(x)$ の関数(結局は x のみの関数)

$$F(x, y_1, y_2, \cdots, y_n, y_1', y_2', \cdots, y_n')$$

が与えられているとき，積分

$$I=\int_a^b F(x, y_1, y_2, \cdots, y_n, y_1', y_2', \cdots, y_n')dx$$

に停留値をとらせるような $f(x), g(x), \cdots, h(x)$ を求める変分問題にこれを拡張することは容易である．

$$\begin{aligned}\delta I &= \int_a^b \sum_i \left(\frac{\partial F}{\partial y_i}\delta y_i + \frac{\partial F}{\partial y_i'}\delta y_i'\right)dx \\ &= \int_a^b \sum_i \left[\frac{\partial F}{\partial y_i} - \frac{d}{dx}\left(\frac{\partial F}{\partial y_i'}\right)\right]\delta y_i\, dx\end{aligned}$$

として，オイラーの方程式——連立微分方程式——

$$\boxed{\frac{d}{dx}\left(\frac{\partial F}{\partial y_i'}\right) - \frac{\partial F}{\partial y_i} = 0 \qquad (i=1, 2, \cdots, n)} \tag{3.4}$$

が得られることになる．

読者はとっくにお気づきと思うが，このオイラーの方程式というのは，ラグランジュの運動方程式(1.45)とまさにそっくりである．記号を

$$\begin{aligned} F &\longleftrightarrow L \\ x &\longleftrightarrow t \\ y_i(x) &\longleftrightarrow q_i(t) \\ y_i'(x) &\longleftrightarrow \dot{q}_i(t) \end{aligned}$$

のように対応させさえすればよい．つまり，ラグランジュの運動方程式というのは

$$\delta\int_{t_1}^{t_2}L(q_1, q_2, \cdots, q_n, \dot{q}_1, \dot{q}_2, \cdots, \dot{q}_n, t)dt = 0 \tag{3.5}$$

という変分問題に対するオイラーの方程式にほかならないのである．積分の上限下限は運動の途中のどの時刻でもよい．このことは，ラグランジュの運動方程式に従う運動——ニュートンの運動法則に従う運動と同じ——というのは，

$$\int_{t_1}^{t_2}L(q_1, q_2, \cdots, q_n, \dot{q}_1, \dot{q}_2, \cdots, \dot{q}_n, t)dt \tag{3.6}$$

に停留値をとらせるような運動になっていることを示す．つまり，実現される運動は(3.5)を満たすようなものである．これを**ハミルトンの原理**(Hamilton's principle)という．

例題1　1次元調和振動子のラグランジュ関数は

$$L = \frac{m}{2}\dot{x}^2 - \frac{m}{2}\omega^2 x^2$$

で与えられ，ラグランジュの運動方程式 $m\ddot{x} = -m\omega^2 x$ の解は

$$x = A\sin\omega t \qquad \left(\text{周期} = \frac{2\pi}{\omega}\right)$$

で与えられる．この $x(t)$ を $0<t<\pi/\omega$ の間で放物線によって近似してみると

$$x_1 = \frac{4A\omega^2}{\pi^2}t\left(\frac{\pi}{\omega} - t\right)$$

となる．ただし $t=\pi/2\omega$ における x_1 の極大値を x のそれと一致させるように係数をきめてある．この $x(t)$ と $x_1(t)$ について

$$\int_0^{\pi/2\omega}L(x, \dot{x})dt < \int_0^{\pi/2\omega}L(x_1, \dot{x}_1)dt$$

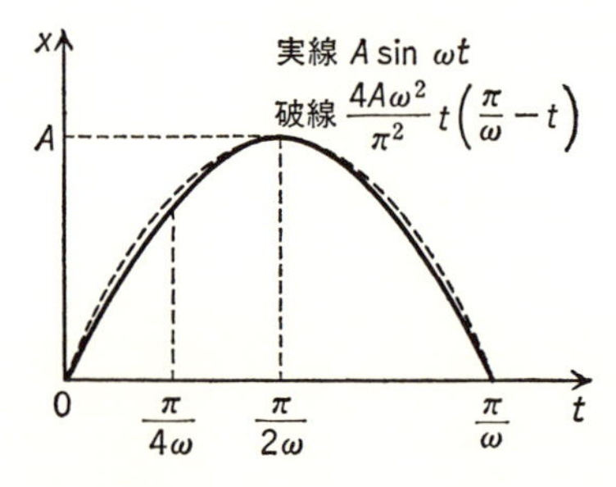

図3-4

を確かめよ．また，$x(t)$ の $0 \leqq t \leqq \pi/4\omega$ 間の部分を両端が一致する直線

$$x_2 = \frac{4A\omega}{\sqrt{2}\,\pi}t$$

で置きかえたものについてハミルトンの原理を確かめよ．

［解］ $\dot{x}_1$ を求めて代入すると

$$\frac{m}{2}\int_0^{\pi/2\omega}(\dot{x}_1{}^2 - \omega^2 x_1{}^2)dt = 0.0055mA^2\omega$$

を得るが，すぐわかるように $x = A\sin\omega t$ に対しては

$$\frac{m}{2}\int_0^t(\dot{x}^2 - \omega^2 x^2)dt = \frac{m}{2}A^2\omega^2\int_0^t(\cos^2\omega t - \sin^2\omega t)dt$$

$$= \frac{m}{2}A^2\omega^2\int_0^t\cos 2\omega t\,dt = \frac{m}{4}A^2\omega\sin 2\omega t$$

となるので

$$\frac{m}{2}\int_0^{\pi/2\omega}(\dot{x}^2 - \omega^2 x^2)dt = \frac{m}{4}A^2\omega\sin\pi = 0$$

である．また

$$\frac{m}{2}\int_0^{\pi/4\omega}(\dot{x}_2{}^2 - \omega^2 x_2{}^2)dt = 0.253mA^2\omega$$

$$\frac{m}{2}\int_0^{\pi/4\omega}(\dot{x}^2 - \omega^2 x^2)dt = \frac{1}{4}mA^2\omega$$

となって，どちらについても $x(t) = A\sin\omega t$ を入れたものの方が小さくなっている．▌

力が保存力だけでなく，ラグランジアン L に含ませられない部分を含むときには，運動方程式は(1.46)式

$$\frac{d}{dt}\left(\frac{\partial L}{\partial \dot{q}_i}\right) - \frac{\partial L}{\partial q_i} = Q_i'$$

で与えられる．これを導く変分原理は

$$\int_{t_1}^{t_2}[\delta L(q_1, \cdots, q_n, \dot{q}_1, \cdots, \dot{q}_n, t) + \sum_i Q_i'\delta q_i]dt = 0 \qquad (3.7)$$

である．前と同じ論法で

$$\delta L = \sum_i \frac{\partial L}{\partial q_i}\delta q_i + \sum_i \frac{\partial L}{\partial \dot{q}_i}\frac{d}{dt}\delta q_i$$

と書けるので，これを入れれば上の式は，部分積分ののち

$$\int_{t_1}^{t_2} \sum_i \left\{\frac{\partial L}{\partial q_i} - \frac{d}{dt}\left(\frac{\partial L}{\partial \dot{q}_i}\right) + Q_i'\right\}\delta q_i \, dt = 0$$

となるから，$\{\cdots\}$ 内が 0 でなければならないことになり，(1.46)式が得られるからである．

保存力では

$$Q_i = -\frac{\partial U}{\partial q_i}$$

なので

$$\sum_i Q_i \delta q_i = -\sum_i \frac{\partial U}{\partial q_i}\delta q_i = -\delta U$$

とまとめられるが，そうでない力 Q_i' の場合には

$$\sum Q_i' \delta q_i = \delta(\cdots)$$

という形にはならない．したがって(3.7)は

$$\delta \int_{t_1}^{t_2} [(q_1, \cdots, q_n, \dot{q}_1, \cdots, \dot{q}_n, t) \text{の関数}] dt = 0$$

という形には書けない．(1.32)式などで微小な仕事を dW や δW と書かず $\delta' W$ としたのは，q や $\dot{q}$ の関数 W の微小変化(全微分)という意味がこれにはないからである．

3-3　最小作用の原理

束縛条件が t に依存せず，U が速度 $\dot{q}_i$ や t に直接依存しない簡単な場合に戻るとしよう．$L = T - U$ に含ませられない非保存力も働いていないとする．ホロノミックな束縛力はあってもよい．

そのような系では，エネルギー保存 $T + U = E$ が成り立つことを 1-6 節で見てきた．そうすると，運動の間

$$L = T-U = 2T-(T+U) = 2T-E \tag{3.8}$$

が成り立っていることがわかる．

ハミルトンの原理を調べるときに，実現される運動から少しはずれた運動を想定した．かってに変化させたそのような運動では，エネルギーの保存は保証されない．68ページの例題1にあげた $x_1(t)$ や $x_2(t)$ で

$$T+U = \frac{1}{2}m\dot{x}_i{}^2 + \frac{1}{2}m\omega^2 x_i{}^2 \qquad (i=1,2)$$

をつくってみればすぐわかるとおりである．しかし，ハミルトンの原理を考えるときには，δq_i をエネルギー保存則に矛盾しないようにとれ，というような制限をつける必要はないのである．

さて，実現される運動でつねに(3.8)が成り立っているのなら，エネルギーが E であるという条件と矛盾しないような微小変化を考えれば($\delta E=0$)

$$\delta\int_{t_1}^{t_2} L dt = 2\delta\int_{t_1}^{t_2} T dt = 0$$

となるから，実現される運動とは

$$\delta\int_{t_1}^{t_2} T dt = 0 \tag{3.9}$$

を満たすものである，と結論してよさそうに思える．実は，この結論は間違っていないのであるが，途中の推論がこれでは簡単すぎて正しくないのである．その理由を考えてみよう．

エネルギーが同じで，実際に行なわれる運動とは少し違うものを実現するにはどうしたらよいであろうか．例えば自由な放物運動でAからBまで質点が飛ぶものとすると，この放物線と少しずれた曲線(図3-5の破線)に沿ってなめらかな針金を固定し，質点としておもりに穴をあけた物を用意して，穴に針金を通し，放物運動のときと同じ初速をAで与えてなめらかにBまですべらせればよい．このときAからBまで行くのに要する時間は，放物運動のときとは同じではないはずである．この場合に図3-2に対応するのは図3-5ではなくて，横軸に t，縦軸に x あるいは y をとった t-x, t-y 図であることに注意すると，図3-2のように両端を一致させることが不可能なのである．

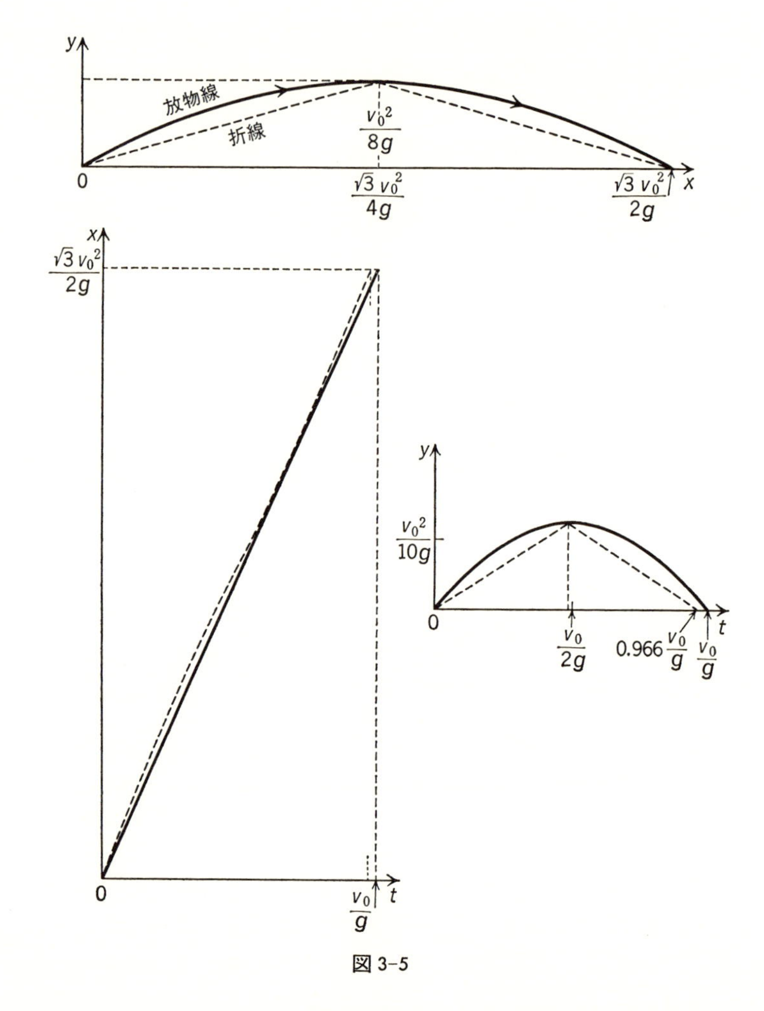

図 3-5

例題 1　初速 v_0 で水平と 30° の方向に投げ上げた物体が再び同じ高さに戻るまでの放物運動と，発射点，最高点，着地点を結ぶ折線に沿って初速 v_0 でなめらかに運動させた場合を比較せよ．

［解］　自由な放物運動は

$$x = \frac{\sqrt{3}}{2}v_0 t, \qquad y = \frac{1}{2}v_0 t - \frac{1}{2}gt^2$$

なので，

$$\begin{cases}\text{最高点の高さ}\quad h = \dfrac{{v_0}^2}{8g} \\ \text{最高点到達までにかかる時間}\quad t_{\mathrm{m}} = \dfrac{v_0}{2g} \\ \text{発射点から着地点までの距離}\quad l = \dfrac{\sqrt{3}\,{v_0}^2}{2g}\end{cases}$$

などが容易に求められる．この放物線と h および l を合わせた折線は水平と約 $16°6'$ の角になり，最高点に達するまでにかかる時間は $0.483v_0/g$ となって，放物運動よりも短くなることがわかる．結果は図 3-5 に示したようになる．▌

このように所要時間が異なるので，実際の運動径路上の各点と，仮想的にずらせた径路上の各点を 1:1 に対応させるときに，同時刻のときの点を用いるわけにいかない．両端が対応すると考えるのはよいし，出発を同時刻 t_1 にするのも当然であるが，途中に関しては，図 3-5 の場合ならば x が同じ (y は異なる) 点を対応させてもよいし，y が同じ (x は異なる) 点を対応させても悪くはない．とにかく，適当になるべく近い点を対応させるようにとったものとしよう．

デカルト座標で考えることにして，実際の径路上の点 $x_1(t), x_2(t), \cdots, x_n(t)$ に対応する仮想径路上の点を ${x_1}'(t'), {x_2}'(t'), \cdots, {x_n}'(t')$ とする．E が一定ということでこのときの速度 $\dot{x}_1(t), \cdots, \dot{x}_n(t), \dot{x}_1{}'(t'), \cdots, \dot{x}_n{}'(t')$ も一意的にきまる．

$$\delta x_i(t) = {x_i}'(t') - x_i(t)$$

で $\delta x_i(t)$ を定義する．また

$$\delta \dot{x}_i(t) = \dot{x}_i{}'(t') - \dot{x}_i(t) = \frac{d{x_i}'}{dt'} - \frac{dx_i}{dt}$$

で $\delta\dot{x}_i(t)$ を定義する．そうすると

$$\begin{aligned}\delta \dot{x}_i(t) &= \frac{d}{dt'}\{x_i(t) + \delta x_i(t)\} - \frac{dx_i}{dt} \\ &= \frac{dt}{dt'}\frac{d}{dt}\{x_i(t) + \delta x_i(t)\} - \frac{dx_i}{dt} \\ &= \frac{dx_i}{dt}\left(\frac{dt}{dt'} - 1\right) + \frac{d}{dt'}\delta x_i(t)\end{aligned}$$

となるが，$t'=t+\delta t$ とおくと

$$dt' = dt+d(\delta t)$$

であるから

$$\frac{dt}{dt'} = \frac{dt}{dt+d(\delta t)} = 1-\frac{d(\delta t)}{dt} \qquad \left(\because \quad \left|\frac{d(\delta t)}{dt}\right| \ll 1\right)$$

となり，したがって

$$\delta \dot{x}_i(t) = -\dot{x}_i \frac{d(\delta t)}{dt} + \frac{d}{dt}\delta x_i(t) \tag{3.10}$$

となる．最後の項では高次の微小量を省略して d/dt' を d/dt に置きかえた．

さて，考えようというのは，運動エネルギー T を t_1 から t_2 まで積分したものの変分——径路の変更による変化高——である．

$$\delta \int_{t_1}^{t_2} T dt = \int_{t_1}^{t_2'} T' dt' - \int_{t_1}^{t_2} T dt$$

右辺の第1項の積分変数を $t' \to t$ に変更する．それには $dt'=dt+d(\delta t)$ を用いる．さらに，$T'=T+\delta T$ とすると，

$$\delta \int_{t_1}^{t_2} T dt = \int_{t_1}^{t_2} (T+\delta T)\{dt+d(\delta t)\} - \int_{t_1}^{t_2} T dt$$

$$= \int_{t_1}^{t_2} T d(\delta t) + \int_{t_1}^{t_2} \delta T dt \tag{3.11}$$

となる．高次の微小量は省略した．

さて，デカルト座標では $T=\sum \frac{1}{2} m_i \dot{x}_i{}^2$ であるから，その微小変化は

$$\delta T = \sum_i m_i \dot{x}_i \delta \dot{x}_i \; (=\sum_i m_i \dot{x}_i(t) \delta \dot{x}_i(t))$$

と表わされる．これに上の(3.10)を入れると

$$\delta T = -\sum_i m_i \dot{x}_i{}^2 \frac{d(\delta t)}{dt} + \sum_i m_i \dot{x}_i(t) \frac{d}{dt} \delta x_i(t)$$

となるから

$$\int_{t_1}^{t_2} \delta T dt = -\int_{t_1}^{t_2} 2T d(\delta t) + \sum_i \int_{t_1}^{t_2} m_i \dot{x}_i(t) \frac{d}{dt} \delta x_i(t) dt$$

右辺の第2項を部分積分し，両端で $\delta x_i=0$ であることを用いると，

$$\int_{t_1}^{t_2}\delta T dt = -\int_{t_1}^{t_2} 2Td(\delta t) - \int_{t_1}^{t_2}\sum_i m_i\ddot{x}_i\delta x_i dt$$

となる．ここで $\sum_i m_i\ddot{x}_i\delta x_i = \sum_i F_i\delta x_i$ であることに着目し，なめらかな束縛力は仕事をしないので，F_i としては保存力のみを考えればよいことを使うと

$$\sum_i F_i\delta x_i = -\sum_i \frac{\partial U}{\partial x_i}\delta x_i = -\delta U$$

と書かれることがわかる．いま考えている変分は $T+U$ を一定に保つものなのだから，$-\delta U = \delta T$ である．結局上の式は

$$\int_{t_1}^{t_2}\delta T dt = -\int_{t_1}^{t_2} 2Td(\delta t) - \int_{t_1}^{t_2}\delta T dt$$

となるから

$$\int_{t_1}^{t_2}\delta T dt + \int_{t_1}^{t_2} Td(\delta t) = 0$$

であることがわかる．これを(3.11)とくらべると

$$\delta\int_{t_1}^{t_2} T dt = 0 \tag{3.12}$$

が得られる．この式は，時間によらないホロノミックな束縛を受けている質点系に保存力が働いているときに実現される運動は，その近くに考えた同じ力学的エネルギーのいろいろな径路のうちで，(3.12)を満たすようなものであることを示している．

$$\int_{t_1}^{t_2} 2T dt \tag{3.13}$$

のことを t_1 から t_2 までとった**作用積分**（または**作用**）と呼ぶので，上の法則を**最小作用の原理**という．（人によっては $\int L dt$ のことを作用と呼んでいるので注意する必要がある.）

3-4 フェルマーの原理との比較

保存力を受けて運動する1個の質点の場合を考えよう．軌道の道筋に沿って測った長さを s とすると，速さは

$$v = \frac{ds}{dt}$$

であるから，エネルギー保存則

$$\frac{1}{2}m\left(\frac{ds}{dt}\right)^2 + U(\boldsymbol{r}) = E$$

を用いると

$$\frac{ds}{dt} = \sqrt{\frac{2\{E-U(\boldsymbol{r})\}}{m}}$$

が得られる．これから

$$dt = \sqrt{\frac{m}{2\{E-U(\boldsymbol{r})\}}}ds$$

と書けることがわかる．

いまの場合，最小作用の原理は

$$0 = \delta\int_{t_1}^{t_2} 2Tdt = \delta\int_{t_1}^{t_2} 2\{E-U(\boldsymbol{r})\}dt$$

と書かれるが，この dt に上の式を代入して $\sqrt{m}$ で割ってやると

$$\delta\int_{s_1}^{s_2}\sqrt{2\{E-U(\boldsymbol{r})\}}\,ds = 0 \tag{3.14}$$

という式になる．

幾何光学では，反射の法則と屈折の法則をまとめ，さらに媒質が連続的に変化している場合にまで拡張した法則として**フェルマーの原理**(Fermat's principle)というものがある．「一定点から出て他の一定点に達する光の径路は，両端を固定したまま途中を連続的に微小変化して得られるすべての径路にくらべ，光がそれを通過するのに要する時間が極小(条件によっては極大)になるようなものである」というのがその内容である．場所の関数としての媒質の屈折率を $n(\boldsymbol{r})$ とすると，そこの光速は c/n である(c は真空中の光速)．したがって，ds だけ光が進むのに要する時間は

$$\frac{ds}{c/n(\boldsymbol{r})} = \frac{1}{c}n(\boldsymbol{r})ds$$

と表わせる．点 P から Q まで行くのに要する時間は

$$\frac{1}{c}\int_{\mathrm{P}}^{\mathrm{Q}} n(\boldsymbol{r})ds$$

となる．したがって，フェルマーの原理は

$$\delta\int_{\mathrm{P}}^{\mathrm{Q}} n(\boldsymbol{r})ds = 0 \tag{3.15}$$

と書かれることがわかる．

この(3.15)と(3.14)とを比較してみると，質点の運動径路は$\sqrt{2\{E-U(\boldsymbol{r})\}}$という屈折率の媒質中を進む光の道筋と同じであることがわかる．

なお，

$$\delta\int 2Tdt = \delta\int mv^2dt = \delta\int mv\frac{ds}{dt}dt$$

であるから，最小作用の原理は

$$\delta\int mvds = 0$$

と書かれるが，この形の法則に気づいたのはモーペルテュイという人であった(1747)．それがオイラー，ハミルトンによって一般化されて，最小作用の原理やハミルトンの原理が確立され，力学の法則をフェルマーの原理と同様な変分原理の形に表わすことに成功したのである．

第3章演習問題

［1］ 一様な重力場における質点の鉛直方向の上下運動を考える．時刻t_1とt_2で$x=0$になるとする．このとき

$$x(t) = C(t-t_1)(t-t_2)$$

を仮定し，これを用いて

$$S = \int_{t_1}^{t_2} L(x, \dot{x})dt$$

を計算せよ．ハミルトンの原理によりパラメタCはこのSが停留値(この場合最小値)をとるように選ぶべきである．その方針に従ってCを決定せよ．

注：この場合には$x(t)$はtの2次式になるので，この仮定によって正しい$x(t)$が求め

られる．変分原理の１つの応用として，正しい関数形が未知のときにそれに近いと思われる試験関数を仮定し，そのなかに未定のパラメタを入れて調節の余地を残しておき，それを用いて計算した積分が極値をとるようにそのパラメタをきめて，未知関数を近似的に求める方法がある．最初に仮定した試験関数の形が適当なものならば，これによってかなりよい結果を得る可能性がある．

［2］ 単振り子の正しいラグランジュ関数は

$$L_0 = \frac{1}{2}ml^2\dot{\theta}^2 - mgl(1-\cos\theta)$$

であるが，θ があまり大きくないとして $\cos\theta$ を θ^4 まで展開すると

$$L = \frac{1}{2}ml^2\dot{\theta}^2 - mgl\left(\frac{\theta^2}{2} - \frac{\theta^4}{24}\right)$$

となる．θ^4 の項も捨てれば運動は $\theta(t) \propto \sin\omega_0 t$ のような単振動になり，角振動数 $\omega_0 = \sqrt{g/l}$ は振幅によらず一定である（振り子の等時性）．

θ^4 の項までとると $\theta(t)$ は単振動ではなくなり，周期も $2\pi/\omega_0$ からはずれてくる．いま θ^4 までとったときの近似的な試験関数として

$$\theta(t) = A\sin\omega t \tag{i}$$

を仮定する．ω は A によって異なることになる．逆に ω によって A がきまるともいえる．いま，周期が $2\pi/\omega$ になるような（単振動でない）振動を(i)のように近似したとすれば，1周期のはじめと終り（$t=0$, $t=2\pi/\omega$）では(i)は正しい関数と一致して $\theta(0)=\theta(2\pi/\omega)=0$ となる．そこで，その中間がなるべく正しい $\theta(t)$ に近くなるように A をきめるために，ハミルトンの原理を使うことにしたい．この方法によって

$$\omega = \sqrt{\frac{g}{l}}\left(1 - \frac{A^2}{16}\right)$$

を導け．

力学におけるイデオロギー論争

最小作用の原理は，光に関するフェルマーの原理に触発されたモーペルテュイ (Pierre Maupertuis, 1698–1759) が，質量と速さと通過距離の積 $\int mvds$ は運動に際して最小値をとる，ということを形而上学的・神学的な論拠から導き出し，これこそ神の存在と英知を示すものであると述べたのが最初の形である．彼と独立に，もっと正確で適用範囲の広い形で最小作用の原理を導き出したのはオイラーであったが，オイラーはモーペルテュイの先取権を認めていた．

18 世紀中頃に，決定論的・唯物論的世界観を支持する人びとと，目的論的・神学的観念を信奉する人たちとの間で，最小作用の原理に関する「イデオロギー」論争があり，オイラーはモーペルテュイを支持して，ヴォルテール(Voltaire)やダランベール(d'Alembert)と対立した．論争の結果，最小作用の原理は形而上学から解放され，有名な『百科全書』の“宇宙論”の項目でダランベールは「これは全く数学的な原理である」ことを強調した．最小作用の原理は，のちにラグランジュにより，オイラーよりもさらに一般的な，質点系に拡張された形で，定式化された．

正準方程式と正準変換

この章で学ぶのは，ラグランジュの方法のように実用的な計算に役立つことがらではない．解くのが目的ではなく，方程式そのものの性質を調べ，もっと広い，いろいろな分野との関連を明らかにするのが目的だからである．量子力学や統計力学とつながっていくのも，力学のこの形式を通じてである．そのつもりで学んでいただきたい．

4-1 一般化運動量と循環座標

これから考察するのは，運動方程式がラグランジュの方程式

$$\frac{d}{dt}\left(\frac{\partial L}{\partial \dot{q}_i}\right)-\frac{\partial L}{\partial q_i}=0 \tag{4.1}$$

で与えられるときに限定する．ホロノミックな束縛力は考えるが，散逸関数を使わねばならないような抵抗力などは存在しない場合を扱うわけである．

さて，一般化座標を使う利点として，束縛が扱いやすいことは第2章で強調したとおりであるが，第1章で定義した一般化運動量

$$p_i=\frac{\partial L}{\partial \dot{q}_i} \tag{4.2}$$

の利用価値についてこれから考えていこうというわけである．中心力を受けて運動する質点の場合にデカルト座標よりも平面極座標のほうが便利なのは，

$$L=\frac{1}{2}m(\dot{r}^2+r^2\dot{\theta}^2)-U(r)$$

が $\dot{\theta}$ は含むが θ を含まないからである．このために(4.1)を θ について書くと，

$$\frac{d}{dt}\left(\frac{\partial L}{\partial \dot{\theta}}\right)-\frac{\partial L}{\partial \theta}=0$$

となるが，$\partial L/\partial\theta=0$ なので $(d/dt)p_\theta=0$ となり

$$p_\theta=一定$$

という積分がただちにできることになる．これと $p_\theta=mr^2\dot{\theta}$ から，$\dot{\theta}=(定数)/r^2$ がいえ，$\dot{\theta}$ も消去できて r の式に書きなおせるから，あとは $r(t)$ だけに関する方程式を解けばいいことになる．しかし，デカルト座標ではこういうわけにはいかない．

自由度が f の系のラグランジュ関数は $L(q_1,\cdots,q_f,\dot{q}_1,\cdots,\dot{q}_f,t)$ であるが，以後とくに注意を要する場合を除き，このような式を書くときに $\{q_i\}$ や $\{\dot{q}_i\}$ を一括して $q,\dot{q}$ で表わし，$L(q,\dot{q},t)$ のように記すことにする．そうすると，$L(q,\dot{q},t)$ が q_j を含まないときには

$$p_j = \frac{\partial L}{\partial \dot{q}_j} = \text{定数}$$

となるから，中心力の場合の p_θ のときと同様な扱いをすれば，以後の計算の遂行に役立つ．1-6 節の末尾で述べたように，このような q_j のことを**循環座標**と呼ぶ．$(x, y) \to (r, \theta)$ のときと同様に，なるべく多数の座標が循環座標であるような $q_1, q_2, \cdots, q_f$ を使うことが得策である．

そういうことと関連して，できるだけ一般化運動量の有用性を利用しようというのが，以下に述べるハミルトンのやり方である．

一般化運動量は(4.2)で定義されるが，L は $L(q, \dot{q}, t)$ であるから p_i も $q, \dot{q}$ と t の関数になる．そこで(4.2)をつくって並べた f 個の式

$$\begin{aligned} p_1 &= p_1(q_1, \cdots, q_f, \dot{q}_1, \cdots, \dot{q}_f, t) \\ p_2 &= p_2(q_1, \cdots, q_f, \dot{q}_1, \cdots, \dot{q}_f, t) \\ &\cdots\cdots\cdots\cdots\cdots \\ p_f &= p_f(q_1, \cdots, q_f, \dot{q}_1, \cdots, \dot{q}_f, t) \end{aligned} \tag{4.3}$$

を，未知数 $\dot{q}_1, \cdots, \dot{q}_f$ に関する連立方程式とみなして解けば，$\dot{q}_1, \cdots, \dot{q}_f$ が $q_1, \cdots, q_f, p_1, \cdots, p_f$ と t の関数として求まるはずである．略号で書けば

$$\begin{aligned} \dot{q}_1 &= \dot{q}_1(q, p, t) \\ \dot{q}_2 &= \dot{q}_2(q, p, t) \\ &\cdots\cdots\cdots\cdots\cdots \\ \dot{q}_f &= \dot{q}_f(q, p, t) \end{aligned} \tag{4.4}$$

ということになる．

例題 1　3 次元極座標 (r, θ, ϕ) で力が速度によらない場合について，$\dot{r}, \dot{\theta}, \dot{\phi}$ を p_r, p_θ, p_ϕ で表わせ．それを用いて T を $T(q, p)$ の形に書きなおしてみよ．

[解]　ラグランジュ関数は

$$L = \frac{1}{2}m(\dot{r}^2 + r^2\dot{\theta}^2 + r^2\dot{\phi}^2 \sin^2\theta) - U(r, \theta, \phi)$$

となるので，

$$p_r = m\dot{r}, \qquad p_\theta = mr^2\dot{\theta}, \qquad p_\phi = mr^2\dot{\phi}\sin^2\theta$$

と表わされることは(1.40)式に示されたとおりである．これから

$$\dot{r} = \frac{p_r}{m}, \quad \dot{\theta} = \frac{p_\theta}{mr^2}, \quad \dot{\phi} = \frac{p_\phi}{mr^2 \sin^2\theta}$$

したがって

$$T = \frac{1}{2m}\left(p_r{}^2 + \frac{1}{r^2}p_\theta{}^2 + \frac{1}{r^2 \sin^2\theta}p_\phi{}^2\right)$$

となる．中心力なら $U=U(r)$ であるから $L=T-U$ には ϕ が含まれない．したがって ϕ は循環座標であり，p_ϕ=定数 となる．▌

問題1 磁束密度が $\boldsymbol{B}=\mathrm{rot}\,\boldsymbol{A}$ で与えられる磁場内を運動する荷電粒子(質量 m，電荷 e)の一般化運動量をデカルト座標で求めよ．(電磁気学やベクトル解析になじみのうすい読者はとばしてよい．)

4-2 ハミルトンの正準方程式

さきに1-6節でエネルギー保存則を導いたが，そこの議論はホロノミックな束縛があっても，それが時間によらなければ成り立つ．その場合 $L(q,\dot{q})$ には t が直接には入ってこないからである．そうすると(1.48)式は，i に関する和が $i=1,2,\cdots,f$ になることを除いては，全くそのまま成り立つことになる．

そこで，L が t を直接含む場合をも含めて，新しい量 $H=\sum_i p_i\dot{q}_i - L(q,\dot{q},t)$ というものを定義する．これだけでは H は $\{p_i\}$ と $\{q_i\}$ と $\{\dot{q}_i\}$ と t で表わされることになってしまうから，(4.4)を用いて $\{\dot{q}_i\}$ を $\{q_i\}$ と $\{p_i\}$ で表わすことにすると，H は $H(q,p,t)$ となる．

$$\boxed{H(q,p,t) = \sum_{i=1}^{f} p_i\dot{q}_i - L(q,\dot{q},t)} \tag{4.5}$$

これを，考えている系の**ハミルトン関数**または**ハミルトニアン**という．

ハミルトニアンの例をいくつか挙げよう．

<u>1次元調和振動子</u>:

$$L=\frac{1}{2}m\dot{x}^2-\frac{1}{2}m\omega^2x^2,\qquad p_x=m\dot{x}$$

であるから

$$H=\frac{1}{2m}{p_x}^2+\frac{1}{2}m\omega^2x^2 \tag{4.6 a}$$

3次元中心力場内の粒子: 前節の例題1を参照すれば容易に

$$H=\frac{1}{2m}\left({p_r}^2+\frac{1}{r^2}{p_\theta}^2+\frac{1}{r^2\sin^2\theta}{p_\phi}^2\right)+U(r) \tag{4.6 b}$$

磁場内の荷電粒子: 前節の問題1を参照し，2-4節の例題1の結果を用いれば(もちろん直接(4.5), (2.19)から出しても簡単である)

$$H=\frac{1}{2m}\{(p_x-eA_x)^2+(p_y-eA_y)^2+(p_z-eA_z)^2\}+e\Phi \tag{4.6 c}$$

力が速度に依存する場合には$\boldsymbol{p}$は$m\dot{\boldsymbol{r}}$には等しくないことに注意する必要がある．ベクトル・ポテンシャル$\boldsymbol{A}$もスカラー・ポテンシャルΦも，どちらもx, y, z, tの関数である．

これらの例で明らかなように，$\{x_j\}$と$\{q_j\}$の関係に直接tが入ってこないときにはTは$\dot{q}_1, \cdots, \dot{q}_f$の2次の同次式であるから

$$\sum_i\frac{\partial T}{\partial\dot{q}_i}\dot{q}_i=2T$$

が成り立ち，

$$p_i=\frac{\partial L}{\partial\dot{q}_i}=\frac{\partial T}{\partial\dot{q}_i}$$

であるから

$$\sum_i p_i\dot{q}_i=2T$$

となり，ハミルトン関数は全エネルギー

$$H=2T-(T-U)=T+U \tag{4.7}$$

にほかならない．

さて，ラグランジュの運動方程式はハミルトンの原理に対するオイラーの方程式であった．今度はハミルトンの原理をハミルトン関数で表わすことを考え

てみよう．ラグランジュの方程式を出すには，実現される運動 $q_j(t)$ が求まったとして，途中の径路をそれから少し変えてみたときに，$\int L dt$ の変化が 0 になる $\left(\delta \int L dt = 0\right)$ ということを使った．このとき変えるのは $q_1, q_2, \cdots, q_f$ だけで，$\dot{q}_1, \dot{q}_2, \cdots, \dot{q}_f$ の変化 $\delta\dot{q}_j$ は δq_j から得られる値を用いた．

ハミルトン関数は $q_1, q_2, \cdots, q_f$ と $p_1, p_2, \cdots, p_f$——すべて t の関数——の関数であるから，実際の運動では q の変化と p の変化は無関係ではありえない．しかし，ハミルトン関数というときには，これを $2f$ 個の変数 $q_1, \cdots, q_f, p_1, \cdots, p_f$（なお，束縛が時間に依存するなどに起因して，時間 t が直接に入ることがある）の関数と考え，これら $2f$ 個の変数を座標軸とする抽象的な $2f$ 次元空間内の各点ごとに値の定まった関数とみるのである．この $2f$ 次元空間のことを**位相空間** (phase space) と呼ぶ．例えば 1 次元調和振動子ではハミルトニアンは (4.6 a) 式で与えられるから，実現される運動をしているときの p_x と x は

$$\frac{1}{2m}p_x{}^2 + \frac{m\omega^2}{2}x^2 = E$$

を満たす．これを

$$\frac{p_x{}^2}{2mE} + \frac{x^2}{2E/m\omega^2} = 1$$

と書きなおしてみればわかるように，運動はこの場合には 2 次元の位相空間の楕円（長円）で表わされる．一般の場合にも，実現される運動は $2f$ 次元位相空間内の「曲線」で表わされる．われわれは，この「曲線」からかってに少しは

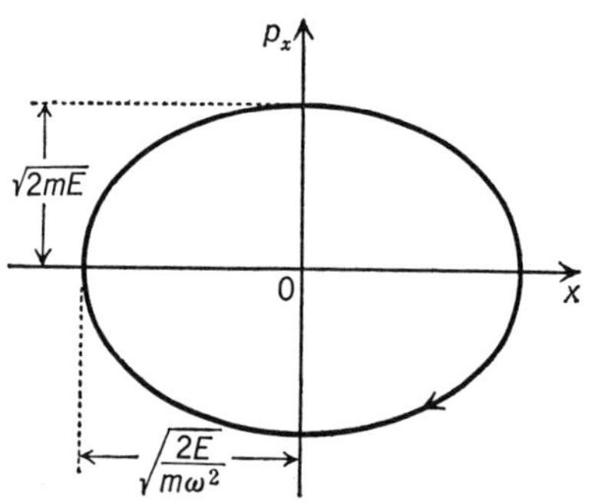

図 4-1

ずれた場合を想定するのである．つまり，$q_1, \cdots, q_f$ の変化 $\delta q_1, \cdots, \delta q_f$ だけでなく $p_1, \cdots, p_f$ にも変分 $\delta p_1, \cdots, \delta p_f$ を考え，これらは互いに独立にとれるとするのである．そして，このときにも $\delta\int Ldt=0$ が成り立つ，というようにハミルトンの原理を拡張してみる．

(4.5)からわかるように

$$L = \sum_i p_i\dot{q}_i - H$$

であるから，

$$0 = \delta\int_{t_1}^{t_2} Ldt = \int_{t_1}^{t_2} \delta Ldt$$

$$= \int_{t_1}^{t_2} \{\sum_i (\dot{q}_i\delta p_i + p_i\delta\dot{q}_i) - \delta H\} dt$$

$$= \int_{t_1}^{t_2} \sum_i \left(\dot{q}_i\delta p_i + p_i\delta\dot{q}_i - \frac{\partial H}{\partial q_i}\delta q_i - \frac{\partial H}{\partial p_i}\delta p_i\right) dt$$

となる．このうち (…) 内の第2項に $\delta\dot{q}_i = \dfrac{d}{dt}\delta q_i$ を利用した部分積分を行なって

$$\int_{t_1}^{t_2} p_i \frac{d\delta q_i}{dt} dt = [p_i\delta q_i]_{t_1}^{t_2} - \int_{t_1}^{t_2} \dot{p}_i\delta q_i dt$$

とした上で，両端 $t=t_1$, $t=t_2$ では $\delta q_i=0$ を使ってこの式の右辺第1項を消してしまう．結局ハミルトンの原理は

$$\delta\int_{t_1}^{t_2} Ldt = \int_{t_1}^{t_2} \sum_i \left[\left(\dot{q}_i - \frac{\partial H}{\partial p_i}\right)\delta p_i - \left(\dot{p}_i + \frac{\partial H}{\partial q_i}\right)\delta q_i\right] dt = 0$$

ということになる．$\delta q_1, \cdots, \delta q_f, \delta p_1, \cdots, \delta p_f$ は全部独立にかってにとった微小変化であるから，上の式が成り立つためには (…) 内が全部0でなくてはいけない．したがって

$$\boxed{\frac{dq_i}{dt} = \frac{\partial H}{\partial p_i}, \quad \frac{dp_i}{dt} = -\frac{\partial H}{\partial q_i} \qquad (i=1, 2, \cdots, f)} \tag{4.8}$$

が得られる．これを**ハミルトンの正準方程式**という．

H が t を直接含まず $H(q, p)$ と書けるときにはこれは $T+U$(全エネルギー)

に等しいことを(4.7)は示しているが，それの保存則はどのようにして導けるであろうか．このときHはqとpを通してのみtに依存するから

$$\frac{dH}{dt}=\sum_i\left(\frac{\partial H}{\partial q_i}\frac{dq_i}{dt}+\frac{\partial H}{\partial p_i}\frac{dp_i}{dt}\right)$$

となるが，ここで(4.8)を使うと

$$\frac{dH}{dt}=\sum_i\left(\frac{\partial H}{\partial q_i}\frac{\partial H}{\partial p_i}-\frac{\partial H}{\partial p_i}\frac{\partial H}{\partial q_i}\right)=0$$

となることがわかる．つまりハミルトン関数が時間tを直接に含まないときには，Hは時間変化しない．これはローレンツ力を受けている荷電粒子のような場合にも成り立つエネルギー保存則である．Hが時間tを直接含むのは，束縛条件がtに依存したり(動く面や線上に束縛されるなど)，運動座標系を用いる場合などであるから，エネルギーの保存則が成り立たないのは当然なのである．

問題2 1次元調和振動子で(4.8)を具体的に書いてみたらどうなるか．

[以下90ページの6行目まではとばしてもよい]

1次元調和振動子では対象が単純すぎるから，磁場内の荷電粒子の場合を考えてみよう．(4.8)で$\boldsymbol{A}$と$\varPhi$がx, y, z, tの関数であることに留意する必要がある．まず(4.8)の第1式は

$$\dot{x}=\frac{\partial H}{\partial p_x}=\frac{1}{m}(p_x-eA_x) \qquad \therefore \quad p_x-eA_x=m\dot{x}$$

を与える．第2式は

$$\begin{aligned}\frac{d}{dt}p_x&=-\frac{\partial H}{\partial x}\\&=\frac{e}{m}\left[(p_x-eA_x)\frac{\partial A_x}{\partial x}+(p_y-eA_y)\frac{\partial A_y}{\partial x}+(p_z-eA_z)\frac{\partial A_z}{\partial x}\right]-e\frac{\partial \varPhi}{\partial x}\end{aligned}$$

を与えるから，$p_x-eA_x=m\dot{x}$等を用いると

$$\frac{d}{dt}(m\dot{x}+eA_x)=e\left(\dot{x}\frac{\partial A_x}{\partial x}+\dot{y}\frac{\partial A_y}{\partial x}+\dot{z}\frac{\partial A_z}{\partial x}\right)-e\frac{\partial \varPhi}{\partial x}$$

となるが，$A_x(x, y, z, t)$をtで微分するときにはx, y, zもtの関数であることを考慮せねばならないから

正準方程式の名の由来

ラグランジュの解析力学の壮麗さに感動したハミルトン(William Rowan Hamilton, 1805–1865)は，光学で同様な体系をつくろうと努力した．そして，不均一な媒質中の光線の径路と，力を受けて運動する粒子の軌道との間の類似性に気がついた．彼はラグランジュ関数を被積分関数とする新しい形の変分原理を発見し(ハミルトンの原理)，さらにハミルトン関数を導入して正準方程式を導き出した．ハミルトンの理論の不必要にゴタゴタしたところをヤコービ(Karl G. J. Jacobi, 1804–1851)が簡潔にし，余計な制限を除いて一般化し，ハミルトン–ヤコービの方程式を導いた．

正準方程式は canonical equation の訳で，「正準」という現在定着している訳は山内恭彦先生によるものであり，canonical という名はヤコービが与えたものだそうである(後藤憲一：「正準(canonical)の意味について」，『蟻塔』27 巻 6 号(1981)，11–13 ページ(共立出版))．試みに英和辞典を調べてみると，canonical には「宗規にかなった」「聖書正典に含まれている」「正統の」「標準的な」などの意味があり，canon(正式の教典)からつくられた形容詞であると記されている．上に引用した後藤憲一先生のご意見によると，「これこそモーペルテュイの主張したことの最終的な解答――造物主の意思にかなった正典的な理論形式」という意味がこめられているのではあるまいかということであり，ダランベールには叱られそうな話である．

後藤先生は上記のエッセイを「kanon は神学以前に，ギリシャの大工の基準棒であって，一般的に基準の意味に使うことができる．統計力学においても canonical ensemble という言葉が使われ，数学でも……よく使われる．これらでは，すでに神学的な匂いは薄れていて，古いギリシャにもどった単に標準的という意味で，すこしもったいをつけて呼んだのである」と結んでおられる．

$$\frac{dA_x}{dt} = \frac{\partial A_x}{\partial x}\dot{x} + \frac{\partial A_x}{\partial y}\dot{y} + \frac{\partial A_x}{\partial z}\dot{z} + \frac{\partial A_x}{\partial t}$$

となる．結局50ページの計算と同じになって

$$m\ddot{x} = -e\left(\frac{\partial \Phi}{\partial x} + \frac{\partial A_x}{\partial t}\right) + e(\dot{\boldsymbol{r}} \times \mathrm{rot}\, \boldsymbol{A})_x$$

y, z 成分も同様なので，ローレンツ力による運動の式

$$m\ddot{\boldsymbol{r}} = -e\left(\nabla\Phi + \frac{\partial \boldsymbol{A}}{\partial t}\right) + e(\dot{\boldsymbol{r}} \times \mathrm{rot}\, \boldsymbol{A}) = e(\boldsymbol{E} + \dot{\boldsymbol{r}} \times \boldsymbol{B})$$

が得られる．

これらの例でわかったように，ハミルトンの正準方程式は，運動方程式を書きなおしたものにすぎない．ではわざわざこのように表現するのは，どういう利点があるからなのであろうか．

4-3 位相空間内での運動

さしあたりハミルトン関数が t を直接に含まない場合を考えよう．$H(q, p)$ は $2f$ 次元の位相空間のなかの各点ごとにきまった値を与える．いま $t=0$ に質点系の全質点の位置と運動量を初期条件として与えたとすると，それは位相空間内のどこかの1点を選んだことになる．そうすると，その点における H の値——エネルギーの値に等しい——だけでなく $\partial H/\partial p_i$ や $\partial H/\partial q_i$ の値も定まるわけであるから，(4.8)式によってその後の微小時間 Δt に $q_1, \cdots, q_f, p_1, \cdots, p_f$ がどう変化するかが，

$$\Delta q_i = \frac{\partial H}{\partial p_i}\Delta t, \qquad \Delta p_i = -\frac{\partial H}{\partial q_i}\Delta t \tag{4.9}$$

のように求まることになる．系の状態を表わす位相空間内の点は，Δt のあいだにこの式で与えられる量だけ各方向に「運動」する．つぎの Δt 間には，いま移動した位置における $q_1, \cdots, q_f, p_1, \cdots, p_f$ を用いて計算した $\Delta q_i, \Delta p_i$ だけ移動がおこる．このようにして少しずつたどって行けば，系の各瞬間の (q, p) を表わす位相空間内の点の「運動」がわかることになる．この場合にその運動は

$$H(q, p) = E \tag{4.10}$$

という「超曲面」(3次元空間で $F(x, y, z)$=一定 は曲面(曲がった2次元空間)を表わす．(4.10)式は $2f$ 次元空間内の同様な $2f-1$ 次元空間を表わすので，超曲面とでも呼ぶのが適当であろう．$f=1$ なら曲線になる)内で行なわれる．

例で考えるのがいちばんわかりやすいから，1次元調和振動子を取り上げよう．(2次元以上だと位相空間が4次元以上になって，図にも描きようがなくなり扱い難い.) この場合，ハミルトンの正準方程式は

$$\frac{dx}{dt} = \frac{1}{m}p_x, \qquad \frac{dp_x}{dt} = -m\omega^2 x$$

であり，(4.10)式が与えるのは図4-1のような楕円である．

いま $t=0$ に $x=x_0$, $p_x=0$ であったとしよう．これは位相空間内で図4-2のように x 軸上の点 $\mathrm{P}(x_0, 0)$ から出発することに相当する．$x_0>0$ とすると，Δt 時間内の移動は

$$(\Delta x)_1 = \frac{p_x}{m}\Delta t = 0, \qquad (\Delta p_x)_1 = -m\omega^2 x_0 \Delta t < 0$$

で与えられるから，系の (x, p_x) を表わす点はPから下方に動き出すことがわかる．

つぎの Δt の間の移動は

$$(\Delta x)_2 = \frac{1}{m}(-m\omega^2 x_0 \Delta t)\Delta t = -\omega^2 x_0 (\Delta t)^2$$

$$(\Delta p_x)_2 = -m\omega^2\{x_0 + (\Delta x)_1\}\Delta t \doteqdot -m\omega^2 x_0 \Delta t$$

となって，下にほぼ同じだけ進むと同時に，ほんのわずかだけ x が減少し，左下方に進路が曲がって行くことを示す．このようにして順次にたどれば，図4-2の楕円に沿って x-p_x 空間をぐるぐる時計の針と同じ向きにまわる「運動」が得られることになる．

コンピューターを使ってこのような数値積分をやらせるときには，上のやり方よりはもう少し精密化することが多いが，考え方は全く上と同様である．

$H(q, p, t)$ が t を直接含む場合には，位相空間内の同じ点でも，H や $\partial H/\partial p_i$, $\partial H/\partial q_i$ が t によって異なることになるから，同じ点から出発するにしてもい

つ出発するかによって径路が異なることになる．しかし上の考え方は同じであって，動いて行ったさきのそのときどきの $\partial H/\partial p_i, \partial H/\partial q_i$ に従って次の進路がきまる，というだけの話である．したがって，出発時刻と出発点(＝初期条件)がきまれば，以後の運動は選択の余地なく一意的に確定する．

これからわかるように，特異な点を除き，同時刻に位相空間内の1点を通る2つ以上の運動径路というものは存在しないはずであり，$q_1, q_2, \cdots, q_f$ だけがつくる f 次元空間——これを**配位空間**という(1個の質点でデカルト座標を用いるときには，ふつうの空間と同じになる)——のように，そのなかの各点を通るいろいろな運動が可能で，軌道が交錯するというようなことはない．1次元調和振動子なら，位相空間は無数の同心楕円——時計まわり——で埋めつくされることになるが，これらは互いに交わることはない．

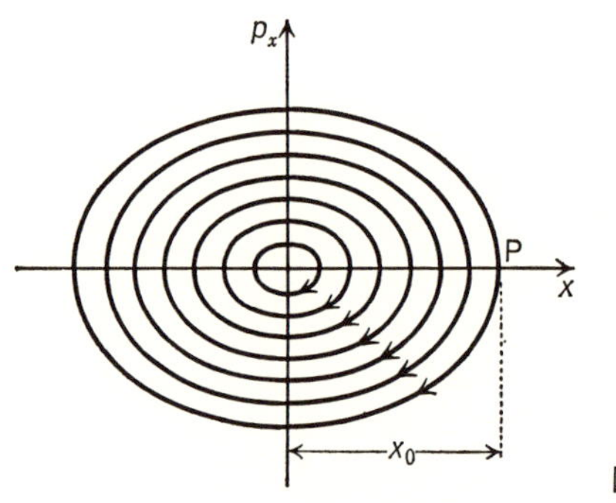

図 4-2

そういう意味で，ハミルトニアンと位相空間を使って議論すると，運動の性質を把握しやすい．それは，変数の数が $q_1, \cdots, q_f$ の f 個から $p_1, \cdots, p_f$ を含む $2f$ 個に倍増した代りに，方程式が時間に関して1階の微分方程式になったことと関係している．ニュートンやラグランジュの方程式だと t について2階の導関数で表わされているので，初期条件には位置と速度の両方が必要になる．このため，例えば放物運動で同じ点から物を投げる場合を考えてみると，初速度の与え方によってさまざまな運動が可能になる．ところが，位相空間を用いるハミルトンのやり方だと，出発点の「位置」——ただし $2f$ 次元空間の「位置」——だけで「運動」が確定してしまう．初速度によって「位置」がちがうのである.

正準方程式(4.8)は，$2f$ 次元位相空間内の各点で，そこにきた系の状態点の「速度」$(\dot{q}_i, \dot{p}_i)$ を与えるとみることができるから，流体内の各点で流速が定義されている「流速の場」とよく似ている(ただし次元は3次元ではない). 質点系にある初期条件を指定して運動させ，それを調べるということは，この「流速の場」のなかの1点に着目して，そこにある「流体」が流れに乗ってどう動いて行くかを見ることに相当する. こういう考え方ができるということの利点は，次節で述べる統計力学的対象で存分に発揮される.

4-4　リウビルの定理

例として気体の分子を考えよう. 単原子分子ならばそれを質点とみなして，位置 x, y, z の時間変化だけを見ればよいので，自由度は $f=3$ であり，位相空間は x, y, z, p_x, p_y, p_z のつくる6次元空間になる. 2原子分子ならば，重心の位置 X, Y, Z, 原子間距離 R, 分子軸の方向を示す角 θ, ϕ の6個の時間変化を調べることが必要なので自由度は $f=6$ であり，位相空間はこれらと $p_X, p_Y, p_Z, p_R, p_\theta, p_\phi$ のつくる12次元空間になる. とにかく，そのように1個の分子の状態を表わす位相空間――これを**ミュー空間**(μ 空間)という――を考えると，各分子の運動状態はそのなかの1点で代表されることになる.

さて，気体は多数の分子(N 個とする)からできているから，各分子を μ 空間の点で表わすと，μ 空間内を N 個の代表点が正準方程式に従って流れる抽象的な「流体」ができる.

いちばん簡単な場合として，単原子分子気体が直方体の器内に入っているときを考えよう. 器の壁は完全な平面で(原子論的には不可能だが一応そう考える)，分子がこれに衝突すると弾性衝突をして光の平面反射と同じはね返り方をするものと仮定する. 器による反射以外に分子に作用する外力はなく，分子同士の衝突もないものとすると，各分子は図4-3のような運動をすることになるが，これは x, y, z 3方向の等速往復運動を組み合わせたものになっている.

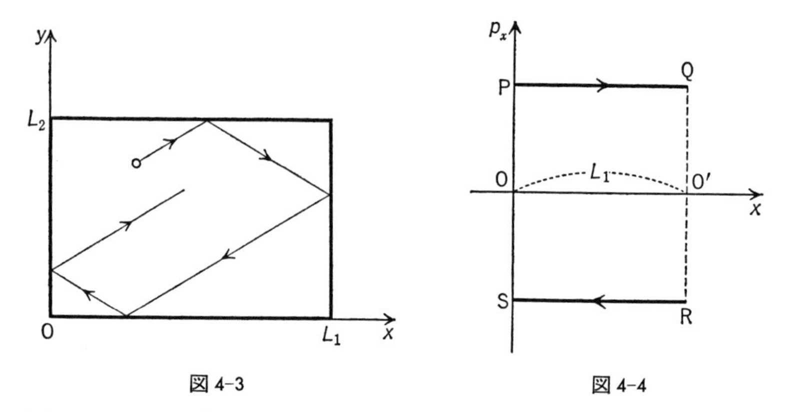

図 4-3　　図 4-4

x 方向の運動だけに着目して，位相空間のうちの x と p_x の部分だけを取り出してみると，分子の運動は図 4-4 の P→Q→R→S→P→… のような「運動」で表わされる．

多数の分子のそれぞれがこのような運動をするから，μ 空間にはこのような多数の折線が分布することになる．分子は実際には互いに衝突をして速度を変えるから，1 個の分子がいつまでも 1 つの折線運動を持続するわけではない．しかし，多数の分子が衝突し合って熱平衡の状態になっている気体では，個々の分子は「運動」を変化させても，μ 空間内の折線の分布は定常的になっていると考えられる．「そのようになっているのが熱平衡状態というものだ」と考えてもよい．そうすると，熱平衡状態の気体を表わす代表点 N 個は，μ 空間内で(平均して)ひとつの定常的な流れをつくることになる．

多原子分子や，器の形がもっと違ったものなら，流れの様子ももっと複雑なものになるであろうが，熱平衡状態の気体が μ 空間内の「定常流」で表わされることは同様である．

いまそのような流れの中に図 4-5 の ABCD のような体積要素を考えたとする．図 4-5 は i 番目の自由度の部分だけを描いたもので，他の自由度についてもこれと同時に同様なものをとっていると考えてほしい．短い時間 Δt の後に，これが A′B′C′D′ に移動したとする．A 点の「位置」を (q_i, p_i) とすると，AA′ の水平距離 AA″ は(4.9)により

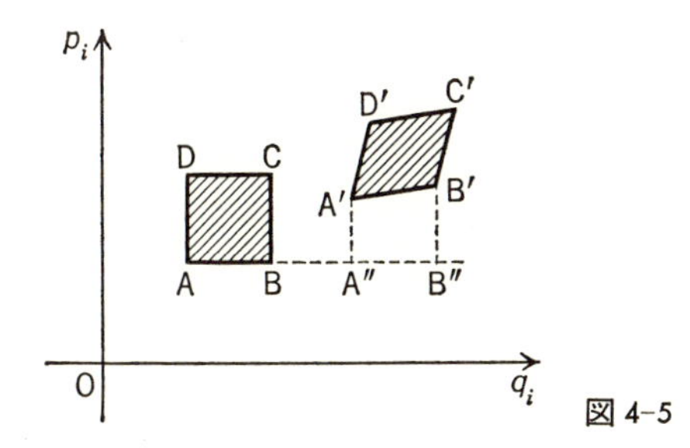

図 4-5

$$\mathrm{AA''} = (\varDelta q_i)_{q_i} = \left(\frac{\partial H}{\partial p_i}\right)_{q_i} \varDelta t$$

で与えられる．AB$=dq_i$ とすると，BB′ の水平距離 BB″ は

$$\begin{aligned}\mathrm{BB''} = (\varDelta q_i)_{q_i+\varDelta q_i} &= \left(\frac{\partial H}{\partial p_i}\right)_{q_i+dq_i} \varDelta t \\ &= \left[\left(\frac{\partial H}{\partial p_i}\right)_{q_i} + \left(\frac{\partial^2 H}{\partial p_i \partial q_i}\right) dq_i\right] \varDelta t\end{aligned}$$

となる．したがって，$\varDelta t$ だけの間に生じた水平方向の伸びは

$$\mathrm{BB''} - \mathrm{AA''} = \frac{\partial^2 H}{\partial p_i \partial q_i} dq_i \cdot \varDelta t$$

であり，もとの長さ dq_i でこれを割った q_i 方向の伸びの割合いは

$$\frac{\partial^2 H}{\partial p_i \partial q_i} \varDelta t$$

で与えられる．

同様なことを上下の方向(p_i 方向)に行なうと，上下方向の伸びの割合いが

$$-\frac{\partial^2 H}{\partial q_i \partial p_i} \varDelta t$$

で与えられることが容易に導かれる．$\varDelta t$ がきわめて短かければ，A′B′ と q_i 軸のつくる角も，A′D′ と p_i 軸の間の角も微小と考えてよいから，高次の微小量($\cos\delta$ と 1 との差など)を無視すれば

$$\begin{aligned}(\text{A′B′C′D′ の面積}) &= \left(1 + \frac{\partial^2 H}{\partial p_i \partial q_i} \varDelta t\right) dq_i \times \left(1 - \frac{\partial^2 H}{\partial q_i \partial p_i} \varDelta t\right) dp_i \\ &= dq_i \cdot dp_i = (\text{ABCD の面積})\end{aligned}$$

となっていることがわかる．有限な体積を位相空間内にとり，その中の各点が有限時間に行なう運動も，このような微小部分の集まりが行なう運動を時間的に積分したものであるから，

> 位相空間内に考えた有限な領域内の各点が正準方程式に従って行なう運動では，その領域の形は変化していくが体積は不変に保たれる．

という定理が成り立つ．これを**リウビルの定理**(Liouville's theorem)という．リウビルの定理は統計力学の重要な基礎となっている定理である．

問題3　図4-4の運動の場合についてリウビルの定理を確かめてみよ．このとき，両端QR, SPのところをどう扱ったらよいと思うか．

4-5　ポアソンの括弧式

一般に，座標(位置)と運動量と時間の関数で表わされる量を**力学変数**という．運動エネルギーT，角運動量$\boldsymbol{L}=\sum_i \boldsymbol{r}_i\times\boldsymbol{p}_i$などはすべて力学変数である．いまそのような力学変数のひとつをFとすると，運動にともなってFは時間変化するから，$F(t)$の時間変化の割合いを考えてみると，

$$\frac{dF}{dt}=\frac{\partial F}{\partial t}+\sum_{i=1}^{f}\left(\frac{\partial F}{\partial q_i}\dot{q}_i+\frac{\partial F}{\partial p_i}\dot{p}_i\right)$$

ということになる．ここで$\dot{q}_i$と$\dot{p}_i$に正準方程式(4.8)を適用すると

$$\frac{dF}{dt}=\frac{\partial F}{\partial t}+\sum_{i=1}^{f}\left(\frac{\partial F}{\partial q_i}\frac{\partial H}{\partial p_i}-\frac{\partial F}{\partial p_i}\frac{\partial H}{\partial q_i}\right)$$

と変形される．

この式の右辺第2項は特徴的な形をもっている．そこで一般的に，2つの力学変数$u(q,p,t)$, $v(q,p,t)$に対し

$$\boxed{[u,v]\equiv\sum_{i=1}^{f}\left(\frac{\partial u}{\partial q_i}\frac{\partial v}{\partial p_i}-\frac{\partial u}{\partial p_i}\frac{\partial v}{\partial q_i}\right)}\tag{4.11}$$

という式で定義される量を考え，これを**ポアソンの括弧式**(Poisson's bracket expression)と名付ける．

この記号を用いると

$$\boxed{\frac{dF}{dt}=\frac{\partial F}{\partial t}+[F, H]} \tag{4.12}$$

となり，とくに F が t を直接含まず $F(q, p)$ という形の式で定義されるときには

$$\boxed{\frac{dF}{dt}=[F, H]}$$

となり，$[F, H]=0$ ならば力学変数は時間的に変化しない一定値をとることがわかる．

例えば，中心力場内を運動する質点の角運動量を考えてみよう．l_x の時間変化を

$$\frac{dl_x}{dt}=\frac{\partial l_x}{\partial x}\frac{\partial H}{\partial p_x}-\frac{\partial l_x}{\partial p_x}\frac{\partial H}{\partial x}+\frac{\partial l_x}{\partial y}\frac{\partial H}{\partial p_y}-\frac{\partial l_x}{\partial p_y}\frac{\partial H}{\partial y}+\frac{\partial l_x}{\partial z}\frac{\partial H}{\partial p_z}-\frac{\partial l_x}{\partial p_z}\frac{\partial H}{\partial z}$$

によって計算してみる．$l_x=yp_z-zp_y$ であるから

$$\frac{\partial l_x}{\partial x}=0, \qquad \frac{\partial l_x}{\partial y}=p_z, \qquad \frac{\partial l_x}{\partial z}=-p_y$$

$$\frac{\partial l_x}{\partial p_x}=0, \qquad \frac{\partial l_x}{\partial p_y}=-z, \qquad \frac{\partial l_x}{\partial p_z}=y$$

また，$H=(p_x{}^2+p_y{}^2+p_z{}^2)/2m+U(r)$ であるから

$$\frac{\partial H}{\partial x}=\frac{\partial U}{\partial x}=\frac{x}{r}\frac{dU}{dr}, \qquad \frac{\partial H}{\partial p_x}=\frac{p_x}{m}$$

y, z 成分も同様

が得られるので，これらを代入すれば

$$[l_x, H]=\frac{1}{m}(p_zp_y-p_yp_z)+(zy-yz)\frac{1}{r}\frac{dU}{dr}=0$$

がわかるから，

$$\frac{dl_x}{dt} = 0, \qquad \text{他の成分も同様}$$

となる．したがって $\boldsymbol{l}$ は保存量になっていることがわかる．

とくに F として H をとれば

$$\frac{dH}{dt} = \frac{\partial H}{\partial t} + [H, H] = \frac{\partial H}{\partial t}$$

となるので，H が t を直接含まない $H(q, p)$ の形の場合には $\partial H/\partial t = 0$ であるから，H も保存量であることがわかる．

問題 4　ポアソンの括弧式がつぎの性質をもつことを示せ．

$$[u, p_i] = \frac{\partial u}{\partial q_i}, \qquad [u, q_i] = -\frac{\partial u}{\partial p_i}$$

$$[q_i, q_j] = 0, \qquad [p_i, p_j] = 0, \qquad [q_j, p_i] = \delta_{ij}$$

いま，一般化座標を $q_1, q_2, \cdots, q_f$ から $q_1', q_2', \cdots, q_f'$ にとりなおす場合を考えよう．この変換は

$$q_i' = q_i'(q_1, q_2, \cdots, q_f, t) \qquad (i=1, 2, \cdots, f) \tag{4. 13 a}$$

あるいはその逆変換

$$q_i = q_i(q_1', q_2', \cdots, q_f', t) \qquad (i=1, 2, \cdots, f) \tag{4. 13 b}$$

で与えられる．このような変換のことを**点変換**という．上の式を t で微分したものをつくれば

$$\dot{q}_i' = \dot{q}_i'(q_1, \cdots, q_f, \dot{q}_1, \cdots, \dot{q}_f, t) = \sum_j \frac{\partial q_i'}{\partial q_j}\dot{q}_j + \frac{\partial q_i'}{\partial t} \tag{4. 14 a}$$

逆は

$$\dot{q}_i = \dot{q}_i(q_1', \cdots, q_f', \dot{q}_1', \cdots, \dot{q}_f', t) = \sum_j \frac{\partial q_i}{\partial q_j'}\dot{q}_j' + \frac{\partial q_i}{\partial t} \tag{4. 14 b}$$

となる．このような点変換により，ラグランジュ関数 L も $L(q, \dot{q}, t)$ から $L'(q', \dot{q}', t)$ に変わる．新しい一般化座標 q_i' に共役な運動量 p_i' は

$$p_i' = \frac{\partial L'}{\partial \dot{q}_i'}$$

で定義されることになる．ところで L' というのは $L(q, \dot{q}, t)$ の $q, \dot{q}$ に (4. 13 b),

(4.14 b)を入れたものであるから

$$p_i' = \frac{\partial L'}{\partial \dot{q}_i'} = \sum_j \frac{\partial L}{\partial \dot{q}_j}\frac{\partial \dot{q}_j}{\partial \dot{q}_i'} = \sum_j \frac{\partial \dot{q}_j}{\partial \dot{q}_i'} p_j$$

また，(4.14 a)の $\dot{q}_i'$ は $\dot{q}_1, \cdots, \dot{q}_f$ の1次式，(4.14 b)の $\dot{q}_i$ は $\dot{q}_1', \cdots, \dot{q}_f'$ の1次式(t を直接含まないときには1次の同次式)であるから，$\partial \dot{q}_j/\partial \dot{q}_i' = \partial q_j/\partial q_i'$(これは(1.28)式の一般化)は $q_1', \cdots, q_f', t$ の関数であって，$\dot{q}'$ を含まない．したがってこれを，$(q', \dot{q}')$ のかわりに (q, p) で表わしても，p を含まない．ゆえに

$$\frac{\partial p_i'}{\partial p_j} = \frac{\partial q_j}{\partial q_i'} \qquad \left(\text{同様にして}\ \frac{\partial p_i}{\partial p_j'} = \frac{\partial q_j'}{\partial q_i}\right) \tag{4.15}$$

が求められる．

いま，2つの力学変数を u, v とし，これらを (q, p, t) で表わしたときには単に u, v と記し，(q', p', t) で表わしたときには u', v' と書くことにすると，

$$[u', v'] = \sum_i \left(\frac{\partial u'}{\partial q_i'}\frac{\partial v'}{\partial p_i'} - \frac{\partial u'}{\partial p_i'}\frac{\partial v'}{\partial q_i'} \right)$$

であるが，u' と v' は $u(q, p, t)$ と $v(q, p, t)$ の q と p を q' と p' の関数として表わしたものとみなすこともできるから($q_i = q_i(q', t)$，$p_i = p_i(q', p', t)$)，

$$\frac{\partial u'}{\partial q_i'} = \sum_j \frac{\partial u}{\partial q_j}\frac{\partial q_j}{\partial q_i'} + \sum_j \frac{\partial u}{\partial p_j}\frac{\partial p_j}{\partial q_i'}$$

$$\frac{\partial v'}{\partial p_i'} = \sum_k \frac{\partial v}{\partial p_k}\frac{\partial p_k}{\partial p_i'}$$

と書きなおせる．第2式に(4.15)を用いると

$$\begin{aligned}
\sum_i \frac{\partial u'}{\partial q_i'}\frac{\partial v'}{\partial p_i'} &= \sum_i \sum_j \sum_k \left(\frac{\partial u}{\partial q_j}\frac{\partial q_j}{\partial q_i'}\frac{\partial v}{\partial p_k}\frac{\partial p_k}{\partial p_i'} + \frac{\partial u}{\partial p_j}\frac{\partial p_j}{\partial q_i'}\frac{\partial v}{\partial p_k}\frac{\partial p_k}{\partial p_i'} \right) \\
&= \sum_i \sum_j \sum_k \left(\frac{\partial u}{\partial q_j}\frac{\partial v}{\partial p_k}\frac{\partial q_j}{\partial q_i'}\frac{\partial q_i'}{\partial q_k} + \frac{\partial u}{\partial p_j}\frac{\partial v}{\partial p_k}\frac{\partial p_j}{\partial q_i'}\frac{\partial q_i'}{\partial q_k} \right) \\
&= \sum_j \sum_k \left(\frac{\partial u}{\partial q_j}\frac{\partial v}{\partial p_k}\frac{\partial q_j}{\partial q_k} + \frac{\partial u}{\partial p_j}\frac{\partial v}{\partial p_k}\frac{\partial p_j}{\partial q_k} \right)
\end{aligned}$$

と変形されるが，$q_1, q_2, \cdots, q_f, p_1, p_2, \cdots, p_f$ の $2f$ 個は互いに独立変数とみなしているのであるから

$$\frac{\partial q_j}{\partial q_k} = \delta_{jk}, \qquad \frac{\partial p_j}{\partial q_k} = 0$$

である．したがって

$$\sum_i \frac{\partial u'}{\partial q_i'}\frac{\partial v'}{\partial p_i'} = \sum_j \frac{\partial u}{\partial q_j}\frac{\partial v}{\partial p_j}$$

であることがわかる．全く同様にして

$$\sum_i \frac{\partial u'}{\partial p_i'}\frac{\partial v'}{\partial q_i'} = \sum_j \frac{\partial u}{\partial p_j}\frac{\partial v}{\partial q_j}$$

も証明できるから，結局

$$[u', v'] = [u, v] \tag{4.16}$$

つまり，ポアソンの括弧式は点変換に関して不変であることが示された．

4-6 調和振動子の位相空間

前節で，一般化座標 $(q_1, q_2, \cdots, q_f)$ から $(q_1', q_2', \cdots, q_f')$ への点変換を扱い，そのとき，ポアソンの括弧式が不変に保たれることを知った．

$$[u, v] = [u', v']$$

このとき，ハミルトンの正準方程式も，もとの

$$\frac{dq_i}{dt} = \frac{\partial H}{\partial p_i}, \qquad \frac{dp_i}{dt} = -\frac{\partial H}{\partial q_i} \qquad (i=1, 2, \cdots, f)$$

から

$$\frac{dq_i'}{dt} = \frac{\partial H'}{\partial p_i'}, \qquad \frac{dp_i'}{dt} = -\frac{\partial H'}{\partial q_i'} \qquad (i=1, 2, \cdots, f)$$

へ変換されるが，$'$ がつくこと以外，形としては全くもとと同じである．

ハミルトン流の考え方では，$2f$ 次元の位相空間を使う．その利点についてもすでに述べた．ところが上述の点変換というのは，$2f$ 次元のうちの $q_1, q_2, \cdots, q_f$ の部分だけを別の $q_1', q_2', \cdots, q_f'$ に変換するものであり，運動量の部分はこれにつられて変換されるにすぎない．もちろん，$q \to q'$ のほかに $p \to p'$ までかってに変換するわけにはいかない．それでは正準方程式の形を不変に保つことも(ポアソンの括弧式を不変に保つことも)できなくなり，変換後の q', p' が何を表わすのか物理的意味がつけられなくなってしまう．

それでは，「正準方程式の形を不変に保ったまま」——「ポアソンの括弧式を不変に保つように」といっても同じことなのだが(これの証明は本書では省略する)——点変換よりもう少し自由な変換(p と q がまじってもよい)を考えることはできないものであろうか．一般論を展開する前に，具体的な例について見ることにしよう．そのためには1次元調和振動子を調べてみると都合がよい．

1次元調和振動子のハミルトニアンは(4.6 a)式

$$H = \frac{1}{2m}({p_x}^2 + m^2\omega^2 x^2)$$

で与えられ，位相空間内で $H=E$ は1つの楕円になる．楕円は扱いにくいから，円にしてしまうとよさそうである．だからといって単に $m\omega x = q$ としたのではだめである．$x \to q$ に応じて p_x も変えねばならないからである．そこでまず

$$q = \gamma x$$

とおいてラグランジアンを

$$L = \frac{m}{2}\dot{x}^2 - \frac{m}{2}\omega^2 x^2$$

$$= \frac{m}{2\gamma^2}(\dot{q}^2 - \omega^2 q^2)$$

と書きなおし，

$$p = \frac{\partial L}{\partial \dot{q}} = \frac{m}{\gamma^2}\dot{q} \qquad \therefore \quad \dot{q} = \frac{\gamma^2}{m}p$$

とした上でハミルトニアンを処方箋どおりに

$$H = p\dot{q} - L = p\frac{\gamma^2}{m}p - \frac{m}{2\gamma^2}\left(\frac{\gamma^2}{m}p\right)^2 + \frac{m}{2\gamma^2}\omega^2 q^2$$

$$= \frac{\gamma^2}{2m}p^2 + \frac{m\omega^2}{2\gamma^2}q^2$$

のようにつくる．これが pq 面(新しい位相空間)で円になるためには

$$\frac{\gamma^2}{2m} = \frac{m\omega^2}{2\gamma^2}$$

でなければならない．したがって

$$\gamma = \sqrt{m\omega}$$

ととればよいことがわかる．つまり (x, p_x) から (q, p) へ

$$q=\sqrt{m\omega}\,x, \qquad p=\sqrt{\frac{m}{\omega}}\,\dot{x}=\frac{1}{\sqrt{m\omega}}p_x$$

のような点変換をすればよい．変換されたハミルトン関数は

$$H=\frac{\omega}{2}(p^2+q^2) \tag{4.17 a}$$

であり，正準方程式

$$\dot{q}=\frac{\partial H}{\partial p}=\omega p, \qquad \dot{p}=-\frac{\partial H}{\partial q}=-\omega q \tag{4.17 b}$$

は，$q=\sqrt{m\omega}\,x$，$p=p_x/\sqrt{m\omega}$ で x, p_x にもどせば

$$\dot{x}=\frac{1}{m}p_x, \qquad \dot{p}_x=-m\omega^2 x$$

となるから，確かに元の方程式と同じものになっている．

さて，こうして「運動」は位相空間の円になった．エネルギーがEの運動ならば，その半径は$\sqrt{2E/\omega}$である．ついでに，図 4-6 のようにp軸，q軸をとることにしよう．そうすると「運動」は反時計まわりになって，以下の話に具合がよい．$\dot{q}=\omega p$，$\dot{p}=-\omega q$ からすぐわかるように「運動」は角速度ωの等速円運動である．それならば，このpq空間で平面極座標をとってみたらどうであろう．そこで仮に

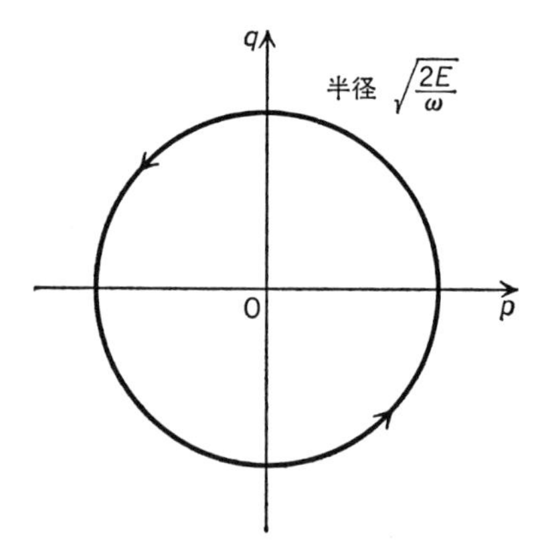

図 4-6

$$P' = \sqrt{p^2+q^2}, \qquad Q = \tan^{-1}\frac{q}{p}$$

としてみよう．そうするとエネルギーは

$$\mathcal{H}' = \frac{\omega}{2}P'^2$$

と表わされる．しかしこれから

$$\frac{\partial \mathcal{H}'}{\partial P'} = \omega P', \qquad -\frac{\partial \mathcal{H}'}{\partial Q} = 0$$

をつくって，これらを $\dot{Q}, \dot{P}'$ に等しいとおくと

$$\dot{Q} = \omega P', \qquad \dot{P}' = 0$$

となってしまう．これは正しくない．$\dot{Q}=\omega$ のはずであり，実際，上の定義から

$$\dot{Q} = \frac{\dot{q}p - q\dot{p}}{p^2+q^2}$$

が得られるから，これに前記の結果 $\dot{q}=\omega p, \dot{p}=-\omega q$ を代入すると確かに $\dot{Q}=\omega$ になるのである．したがって，Q を上のように選んだのはよいとしても，それに共役な運動量を P' のようにかってにとったのは誤りであることがわかる．

そこで，$\dot{Q}=\omega$ を前提にして，正準方程式が成り立つように P とハミルトニアンとをきめてみよう．(4.8)の第1式は

$$\dot{Q} = \frac{\partial \mathcal{H}}{\partial P} = \omega$$

であるから，$\mathcal{H}=\omega P$ とすればよいであろう．第2式は

$$\dot{P} = -\frac{\partial \mathcal{H}}{\partial Q}$$

であるから，$\mathcal{H}=\omega P$ を入れると $\dot{P}=0$，したがって P は一定ということになってエネルギー保存則に矛盾しない．そこで

$$Q = \tan^{-1}\frac{q}{p}, \qquad P = \frac{1}{2}(p^2+q^2) \tag{4.18}$$
$$\mathcal{H} = \omega P$$

というのが，新しい変数とそれを用いたハミルトン関数であることがわかる．

この Q と P がつくる位相空間では，振動子の運動は Q 軸に平行な「等速度運動」で表わされている(図 4-7)．エネルギーが違うと Q 軸からの距離が変わるが，位相空間内の速度 ω はエネルギーに関係なく共通である．なお Q, P をもとの x, p_x で書けば

$$Q = \tan^{-1}\frac{m\omega x}{p_x}, \qquad P = \frac{1}{2m\omega}(p_x{}^2+m^2\omega^2x^2) \tag{4.19}$$

となる．

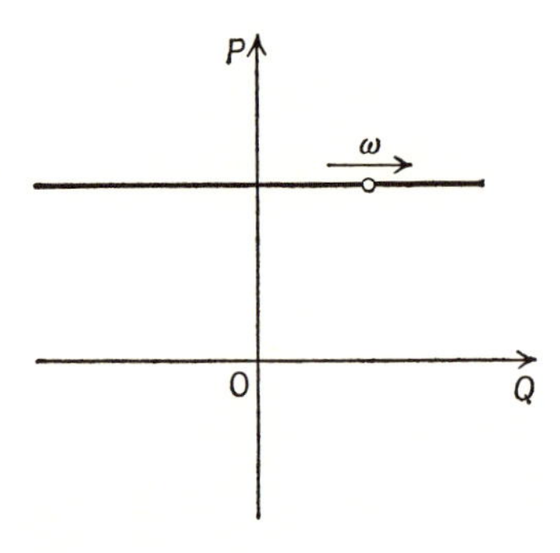

図 4-7

このように位置と運動量が混じるようになると，もはやどれが位置でどれが運動量という区別も意味がなくなってくる．

問題 5 (4.18)の代りに，$\tan^{-1}(q/p)$ を P としたら，Q や $\mathcal{H}$ はどうなるか．

作用変数と角変数

(4.18), (4.19)が与える新しい一般化運動量 P の意味をもう少し考えてみよう．1 次元調和振動子の運動は図 4-2 の楕円のひとつで表わされるが，この楕円が囲む面積を求めてみる．運動の 1 周期(1 回り)での積分を $\oint$ で表わすと，それは

$$\oint p_x dx$$

で計算されるが，$x = A\sin(\omega t+\alpha)$ とすると

$$dx = A\omega\cos(\omega t+\alpha)dt$$

$$p_x = mA\omega\cos(\omega t+\alpha)$$

であるから

$$\oint p_x dx = \int_0^{2\pi/\omega} mA^2\omega^2\cos^2(\omega t+\alpha)\,dt = m\omega\pi A^2$$

となる．エネルギー

$$E = \frac{1}{2m}p_x{}^2+\frac{1}{2}m\omega^2x^2 = \frac{1}{2}mA^2\omega^2$$

とくらべると

$$\oint p_x dx = \frac{2\pi}{\omega}E$$

になっている．周期的な運動を表わす一般化座標q_iとそれに共役な運動量p_iに関して，

$$J_i = \frac{1}{2\pi}\oint p_i dq_i$$

という量のことを**作用変数**(action variable)または**作用量変数**と呼ぶことになっている．いまの場合

$$J_x = \frac{1}{2\pi}\oint p_x dx = \frac{1}{\omega}E$$

がこの調和振動子の作用変数である．(4.19)の第2式からわかるように，われわれのPはこの作用変数にほかならない．

作用変数J_iは，q_iがどんな量であっても，必ず(エネルギー)×(時間)のディメンジョンをもつ．これは，作用(3.13)あるいは角運動量と同じディメンジョンである．そうすると，これを一般化運動量とみなしたとき，それに共役な一般化座標は角のディメンジョンをもつことになる．そこで，そのような一般化座標を**角変数**(angle variable)と呼び，w_iで表わすことが多い．(4.18)または(4.19)の第1式で定義されたQは，図4-6の動点と原点を結ぶ直線がp軸とつくる角であり，まさにそのようになっている．

作用変数・角変数は，もっと一般の周期運動にも適用され，天文学で天体の運動の周期などを論じるのに使われていたが，今世紀のはじめに前期量子論が

つくられたとき，量子条件というものの導入と関連して詳しく調べられた．本書では一般論には立ち入らず，名前の紹介程度にとどめておく．

4-7 正準変換 I

前節では1次元調和振動子について，座標と運動量をいっしょにした位相空間の変数変換の実例を調べた．その結果ハミルトン関数は座標 Q を含まないものになり，$\dot{P}=-\partial\mathcal{H}/\partial Q=0$ から「P が一定」という結果が導かれた．つまり Q は循環座標になってしまい，それに共役な一般化運動量 P が定数になったわけである．これは，単振動を変換して一種の等速度運動に化けさせてしまったのだということもできるであろう．さらに変換をすれば，その速度を0——静止——にすることも可能である．前節のようなやり方ではあまりに行きあたりばったり的であるから，この節ではこのような変換の一般論を述べることにする．

自由度が f の系を表わす一般化座標 $q_1, q_2, \cdots, q_f$ とそれに共役な一般化運動量 $p_1, p_2, \cdots, p_f$ が与えられたとき，これらと t の関数である $2f$ 個の変数

$$
\begin{aligned}
Q_1 &= Q_1(q_1, \cdots, q_f, p_1, \cdots, p_f, t) \\
&\cdots\cdots\cdots\cdots\cdots \\
Q_f &= Q_f(q_1, \cdots, q_f, p_1, \cdots, p_f, t) \\
P_1 &= P_1(q_1, \cdots, q_f, p_1, \cdots, p_f, t) \\
&\cdots\cdots\cdots\cdots\cdots \\
P_f &= P_f(q_1, \cdots, q_f, p_1, \cdots, p_f, t)
\end{aligned}
\tag{4.20}
$$

が，変換されたハミルトン関数 $\mathcal{H}(Q_1, \cdots, Q_f, P_1, \cdots, P_f, t)$ に関して，もとと同じ形の正準方程式

$$
\frac{dQ_i}{dt} = \frac{\partial\mathcal{H}}{\partial P_i}, \qquad \frac{dP_i}{dt} = -\frac{\partial\mathcal{H}}{\partial Q_i} \tag{4.21}
$$

を満たすとき，この $(q, p)\to(Q, P)$ の変数変換を**正準変換**という．点変換も正準変換の特殊な場合である．

4-2 節で正準方程式は拡張されたハミルトンの原理から導かれることを示した．したがって，(Q, P) が (4.21) を満たすためには，これらがやはりハミルトンの原理を満たせばよい．つまり

$$\delta\int_{t_1}^{t_2}\{\sum_i P_i\dot{Q}_i-\mathcal{H}(Q,P,t)\}dt=0$$

であればよい．そのためには，(4.20) を $\sum P_i\dot{Q}_i-\mathcal{H}(Q,P,t)$ に代入したものが $\sum_i p_i\dot{q}_i-H(q,p,t)$ に等しくなっていればよいのはもちろんであるが，

$$\sum_i p_i\dot{q}_i-H(q,p,t)=\sum_i P_i\dot{Q}_i-\mathcal{H}(Q,P,t)+\frac{dW}{dt} \tag{4.22}$$

であってもよい．ただし W は 1 価連続，微分可能な，$Q_1,\cdots,Q_f,P_1,\cdots,P_f,t$ の任意の関数である．なぜなら，$W(Q,P,t)$ は結局 t だけの関数であって

$$\int_{t_1}^{t_2}\frac{dW}{dt}dt=W(Q(t_2),P(t_2),t_2)-W(Q(t_1),P(t_1),t_1)$$

は両端 t_1 と t_2 だけで値がきまってしまい，途中で位相空間のどんな径路をたどったかには全く依存しないから，変分の停留性とは無関係だからである．

さて，(4.22) 式は q,p,Q,P と t という合計 $4f+1$ 個の変数を含む．しかしこれらの間には (4.20) に示された $2f$ 個の関係があるから，$4f+1$ 個のうちの $2f$ 個は，残りの $2f+1$ 個を使って表わすことができるはずである．そこで，$p_1,\cdots,p_f,P_1,\cdots,P_f$ を $q_1,\cdots,q_f,Q_1,\cdots,Q_f,t$ で表わすことにすると，すべては q,Q,t の関数になる．したがって W も $W(q,Q,t)$ と表わされるはずだから

$$\frac{dW}{dt}=\sum_i\left(\frac{\partial W}{\partial q_i}\dot{q}_i+\frac{\partial W}{\partial Q_i}\dot{Q}_i\right)+\frac{\partial W}{\partial t}$$

と書くことが許される．これを (4.22) に入れると

$$\sum_i\left(p_i-\frac{\partial W}{\partial q_i}\right)\dot{q}_i-\sum_i\left(P_i+\frac{\partial W}{\partial Q_i}\right)\dot{Q}_i=H-\mathcal{H}+\frac{\partial W}{\partial t}$$

となるから，(4.22) が恒等的に成り立つための条件は

$$\boxed{p_i=\frac{\partial W}{\partial q_i},\quad P_i=-\frac{\partial W}{\partial Q_i},\quad \mathcal{H}=H+\frac{\partial W}{\partial t}} \tag{4.23}$$

ということになる．とくに，(4.20) が t を直接含まないときには，関数 W を

$W(Q,P)$ のようにとると，この Q,P をどの $2f$ 個の変数で表わしても，$W(q,Q)$ のように t を直接には含まない形を保つから $\partial W/\partial t=0$，したがって

$$\mathscr{H} = H \tag{4.24}$$

となり，ハミルトン関数の値は不変に保たれる．

1次元調和振動子の例で考えよう．(4.18) から，p,P を q,Q で表わすと

$$p = \frac{q}{\tan Q}, \qquad P = \frac{q^2}{2\sin^2 Q}$$

となることがわかるが，これは

$$W = \frac{q^2}{2\tan Q}$$

とすれば

$$p = \frac{\partial W}{\partial q}, \qquad P = -\frac{\partial W}{\partial Q}$$

から導かれることがすぐわかるであろう．この場合，どこにも t は入ってきていないから，$\mathscr{H}=H$ である．

調和振動子の例では $p(q,Q), P(q,Q)$ の形から $W(q,Q)$ を求めたが，この手続きを逆にやって，W の形を与えて (4.23) から p,P をきめることも多い．この場合，$W(q,Q,t)$ を与えるとそれから変換がきまるので，この関数 $W(q,Q,t)$ のことを変換の**母関数**という．

問題 6　母関数 $W=m\omega qQ$ による正準変換はどのようなものになるか．ただし

$$H = \frac{1}{2m}p^2 + \frac{1}{2}m\omega^2 q^2$$

とする．

4-8　正準変換 II

前節では，q,p,Q,P をすべて $q,Q,(t)$ で表わし，母関数も $W(q,Q,t)$ とする場合を考察した．ここでは，それ以外の表わし方の場合を考えることにしよう．

まず $q, P, (t)$ を用いるとどうなるかを考える．(4.22)では q と Q にドット・がついているので，それを $\dot{q}_i$ と $\dot{P}_i$ に変える必要がある．それには

$$P_i\dot{Q}_i = \frac{d}{dt}(P_iQ_i) - Q_i\dot{P}_i$$

であることを利用して(4.22)を

$$\begin{aligned}&\sum p_i\dot{q}_i - H(q, p, t)\\&= -\sum_i Q_i\dot{P}_i - \mathcal{H}(Q, P, t) + \frac{d}{dt}\Big(W + \sum_i P_iQ_i\Big)\end{aligned}$$

と書きなおし，

$$W' = W + \sum_i P_iQ_i$$

を $q, P, (t)$ の関数で表わしたとみなして

$$\frac{dW'}{dt} = \sum_i\left(\frac{\partial W'}{\partial q_i}\dot{q}_i + \frac{\partial W'}{\partial P_i}\dot{P}_i\right) + \frac{\partial W'}{\partial t}$$

と表わしたものを代入して整理する．

$$\sum_i\left(p_i - \frac{\partial W'}{\partial q_i}\right)\dot{q}_i + \sum_i\left(Q_i - \frac{\partial W'}{\partial P_i}\right)\dot{P}_i = H - \mathcal{H} + \frac{\partial W'}{\partial t}$$

これから

$$\boxed{p_i = \frac{\partial W'}{\partial q_i}, \quad Q_i = \frac{\partial W'}{\partial P_i}, \quad \mathcal{H} = H + \frac{\partial W'}{\partial t}} \tag{4.25}$$

が得られる．W が任意なのであるから W' も任意であり，$\sum P_iQ_i$ を付加したことは問題にする必要がない．

$p, Q, (t)$ を用いるときには

$$W'' = W - \sum p_iq_i$$

として同様な手続きを踏めばよい．結果は

$$\boxed{q_i = -\frac{\partial W''}{\partial p_i}, \quad P_i = -\frac{\partial W''}{\partial Q_i}, \quad \mathcal{H} = H + \frac{\partial W''}{\partial t}} \tag{4.26}$$

で与えられる．

$p, P, (t)$ で表わすときには

$$W''' = W + \sum_i (P_i Q_i - p_i q_i)$$

とすればよい．q_i, Q_i は

$$\boxed{q_i = -\frac{\partial W'''}{\partial p_i}, \quad Q_i = \frac{\partial W'''}{\partial P_i}, \quad \mathscr{H} = H + \frac{\partial W'''}{\partial t}} \tag{4.27}$$

で計算される．

例をいくつか調べてみよう．

恒等変換：

$$W' = \sum_i P_i q_i$$

(4.25)により

$$p_i = P_i, \qquad Q_i = q_i \tag{4.28}$$

となるから P_i, Q_i は p_i, q_i と同じものであり，何も変換していない——文字を大文字にしただけ！——ことになる．これを**恒等変換**という．

デカルト座標から平面極座標への点変換：

$$q_1 = x, \ q_2 = y; \qquad Q_1 = r, \ Q_2 = \theta$$

とする．

$$x = r\cos\theta, \qquad y = r\sin\theta$$

$$p_x = p_r\cos\theta - \frac{1}{r}p_\theta\sin\theta$$

$$p_y = p_r\sin\theta + \frac{1}{r}p_\theta\cos\theta$$

であるから

$$q_1 = Q_1\cos Q_2, \qquad q_2 = Q_1\sin Q_2$$

$$p_1 = P_1\cos Q_2 - \frac{P_2}{Q_1}\sin Q_2$$

$$p_2 = P_1\sin Q_2 + \frac{P_2}{Q_1}\cos Q_2$$

となる．Q, p を q, P で表わす場合をやってみると

$$Q_1 = \sqrt{{q_1}^2 + {q_2}^2}, \qquad Q_2 = \tan^{-1}\frac{q_2}{q_1}$$

$$p_1 = \frac{P_1 q_1}{\sqrt{q_1{}^2+q_2{}^2}} - \frac{P_2 q_2}{q_1{}^2+q_2{}^2}$$

$$p_2 = \frac{P_1 q_2}{\sqrt{q_1{}^2+q_2{}^2}} + \frac{P_2 q_1}{q_1{}^2+q_2{}^2}$$

であるから，(4.25)と見くらべるとこの変換の母関数は

$$W' = P_1\sqrt{q_1{}^2+q_2{}^2} + P_2 \tan^{-1}\frac{q_2}{q_1}$$

であることがわかる．もとの記号で記せば

$$W' = p_r\sqrt{x^2+y^2} + p_\theta \tan^{-1}\frac{y}{x}$$

となる．

同じ変換を，q, P を Q, p で表わすやり方で試みると

$$q_1 = Q_1 \cos Q_2, \qquad q_2 = Q_1 \sin Q_2$$

$$P_1 = p_1 \cos Q_2 + p_2 \sin Q_2$$

$$P_2 = -p_1 Q_1 \sin Q_2 + p_2 Q_1 \cos Q_2$$

であるから，(4.26)を参照して

$$W'' = -p_1 Q_1 \cos Q_2 - p_2 Q_1 \sin Q_2$$

が得られる．ふつうの記号で書けば

$$W'' = -p_x r \cos\theta - p_y r \sin\theta \tag{4.29}$$

となる．

位相空間の等角速度回転：時間 t を直接含む変換の例として

$$W = \frac{q^2 \cos\omega t - 2qQ + Q^2 \cos\omega t}{2\sin\omega t} \tag{4.30}$$

を考えてみよう．これは(4.23)を適用する場合である．

$$p = \frac{\partial W}{\partial q} \quad \text{より} \quad Q = -p\sin\omega t + q\cos\omega t$$

$$P = -\frac{\partial W}{\partial Q} \quad \text{より} \quad q = P\sin\omega t + Q\cos\omega t$$

がただちに得られるが，これを整理すれば

$$
\begin{aligned}
P &= p\cos\omega t + q\sin\omega t \\
Q &= -p\sin\omega t + q\cos\omega t
\end{aligned}
\tag{4.31 a}
$$

あるいは

$$
\begin{aligned}
p &= P\cos\omega t - Q\sin\omega t \\
q &= P\sin\omega t + Q\cos\omega t
\end{aligned}
\tag{4.31 b}
$$

となるから，図 4-8 のような関係を表わしていることは明らかである．$\partial W/\partial t$ を計算し，q を P, Q で表わすと

$$
\frac{\partial W}{\partial t} = -\frac{q^2+Q^2-2qQ\cos\omega t}{2\sin^2\omega t}\omega = -\frac{\omega}{2}(P^2+Q^2)
$$

と整理されるから，変換されたハミルトン関数はつぎのようになる．

$$
\mathscr{H} = H(P, Q) - \frac{\omega}{2}(P^2+Q^2)
$$

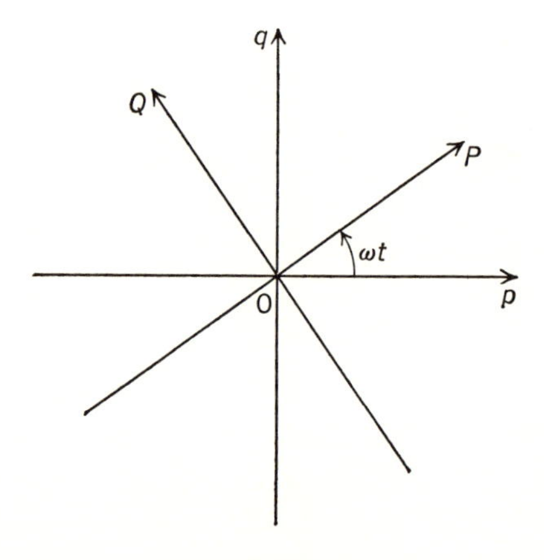

図 4-8

スケールを変えて位相空間の円運動を表わすようにした振動子のハミルトニアン(4.17 a)の場合にこれを適用すると，p, q を P, Q に書きなおしても

$$
H = \frac{\omega}{2}(p^2+q^2) = \frac{\omega}{2}(P^2+Q^2)
$$

のように同じ形であるから

$$
\mathscr{H} = H + \frac{\partial W}{\partial t} = 0
$$

となってしまう．変換が t を含むので $\mathscr{H}$ はもはや系のエネルギーという意味をもたないから，これは不思議ではない．このようになれば，正準方程式から

$$\frac{dQ}{dt} = \frac{\partial \mathscr{H}}{\partial P} = 0, \qquad \frac{dP}{dt} = -\frac{\partial \mathscr{H}}{\partial Q} = 0$$

がただちに得られ，

$$Q = \text{定数}, \qquad P = \text{定数}$$

という結果が求められることになる．つまり「回転系」P-Q では，振動子を表わす点は「静止」を続ける．

こんな抽象的な P や Q が求められても何のことかわからない，というのならば，(4.31 b)式に入れて q と p に戻し，さらに必要ならば

$$x = \frac{q}{\sqrt{m\omega}}, \qquad p_x = \sqrt{m\omega}\,p$$

で x と p_x に書きかえればよい．

4-9　ハミルトン-ヤコービの方程式

調和振動子をいろいろひねくり回したあげく，前節の最後のところではついにハミルトン関数を 0 にしてしまった．同じようなことが他の場合にはできないものであろうか．

いま，q と P で他の量を表わす方式を採ることにして，母関数を

$$W = W(q_1, \cdots, q_f, P_1, \cdots, P_f, t) \tag{4.32}$$

とする．もう必要はないので W' とせずに単に W と記す．そうすると正準変換は(4.25)により

$$p_i = \frac{\partial}{\partial q_i} W(q, P, t), \qquad Q_i = \frac{\partial}{\partial P_i} W(q, P, t) \tag{4.33}$$

で与えられ，$\mathscr{H} = H + \partial W/\partial t$ であるから $\mathscr{H} = 0$ の条件として

$$\frac{\partial}{\partial t} W(q, P, t) = -H(q, p, t) \tag{4.34}$$

が得られる．もしこのような W が求められたとすれば，正準方程式は

$$\frac{dP_i}{dt} = -\frac{\partial \mathscr{H}}{\partial Q_i} = 0 \tag{4.35}$$

となるから，P_i は定数になる．それを α_i としよう．

$$P_i = \alpha_i \tag{4.36}$$

(4.33)の第1式と(4.36)とを(4.34)に入れると

$$\boxed{\frac{\partial}{\partial t} W(q_1, \cdots, q_f, \alpha_1, \cdots, \alpha_f, t) + H\left(q_1, \cdots, q_f, \frac{\partial W}{\partial q_1}, \cdots, \frac{\partial W}{\partial q_f}, t\right) = 0} \tag{4.37}$$

となる．これが W の満たすべき方程式であって，**ハミルトン-ヤコービ**(K. G. J. Jacobi)**の偏微分方程式**と呼ばれている．この方程式の解 W のことを**ハミルトンの主関数**という．(4.37)は $f+1$ 個の独立変数 $q_1, \cdots, q_f, t$ に関する1階の微分方程式であるから，$f+1$ 個の積分定数が出てくるはずで，$\alpha_1, \cdots, \alpha_f$ と W の付加定数がそれに相当する．(4.37)は W を1階の導関数の形でのみ含むから，付加定数はこれだけでは不定である．これらの定数は初期条件などによってきめられるべきものである．

$\mathscr{H}=0$ なのであるから，P_i だけでなく Q_i も一定である．そこで

$$Q_i = \beta_i \tag{4.38}$$

とおくことにしよう．$P_i=\alpha_i$ と $Q_i=\beta_i$ とを(4.33)に入れれば，p_i, q_i を t の関数として与える式が求められる．

$$\begin{aligned} p_i &= \frac{\partial}{\partial q_i} W(q_1, \cdots, q_f, \alpha_1, \cdots, \alpha_f, t) \\ \beta_i &= \frac{\partial}{\partial \alpha_i} W(q_1, \cdots, q_f, \alpha_1, \cdots, \alpha_f, t) \end{aligned} \tag{4.39}$$

これら $2f$ 個の式から $2f$ 個の $q_1, \cdots, q_f, p_1, \cdots, p_f$ を解けばよいわけである．

以上からわかるように，このやり方では，ニュートンやラグランジュの方程式，あるいはハミルトンの正準方程式をそのまま解くかわりに，(4.37)を解いてハミルトンの主関数 W を求めることが問題の鍵になっている．

もとのハミルトニアン H が p, q だけで表わされ，t を直接には含んでいない

ときには，ハミルトン-ヤコービの方程式は

$$\frac{\partial W}{\partial t}+H\left(q_1, \cdots, q_f, \frac{\partial W}{\partial q_1}, \cdots, \frac{\partial W}{\partial q_f}\right)=0$$

となるが，このときには W を t だけの関数と q だけの関数に分けて

$$W=S(q_1, q_2, \cdots, q_f)+\Theta(t) \tag{4.40}$$

とおいてみる．これを上に代入すると

$$\frac{d\Theta}{dt}+H\left(q_1, \cdots, q_f, \frac{\partial S}{\partial q_1}, \cdots, \frac{\partial S}{\partial q_f}\right)=0$$

となるが，第1項は t だけ，第2項は q だけの関数であるから，これが恒等的に成り立つためにはそれぞれが定数でなければいけない．その定数を

$$\frac{d\Theta}{dt}=-E \qquad (\therefore \quad H=E)$$

とおくと，

$$\Theta(t)=\text{定数}-Et$$

となる．そして S をきめる式は

$$H\left(q_1, \cdots, q_f, \frac{\partial S}{\partial q_1}, \cdots, \frac{\partial S}{\partial q_f}\right)=E \tag{4.41}$$

で与えられることになる．これも**ハミルトン-ヤコービの偏微分方程式**と呼ばれる．これを解いて S を求めると，f 個の積分定数を含む解が得られるが，付加定数を除くと積分定数は $f-1$ 個になるからそれを $\alpha_2, \alpha_3, \cdots, \alpha_f$ とすると $S(q_1, \cdots, q_f, \alpha_2, \cdots, \alpha_f)$ となる．そうすると W は

$$W=S(q_1, \cdots, q_f, \alpha_2, \cdots, \alpha_f)-Et \tag{4.42}$$

となるが，積分定数 α_1 の代りに今度は E が入ってきているので，これを α_1 とみなせばよい．そうすると(4.39)は

$$\begin{aligned} p_i &= \frac{\partial S}{\partial q_i} \qquad (i=1, 2, \cdots, f) \\ \beta_1 &= \frac{\partial S}{\partial E}-t \\ \beta_k &= \frac{\partial S}{\partial \alpha_k} \qquad (k=2, 3, \cdots, f) \end{aligned} \tag{4.43}$$

という形になる．S のなかに $q_1, \cdots, q_f$ が入っているので，これら $2f$ 個の式から $q_1, \cdots, q_f, p_1, \cdots, p_f$ を解いて $\beta_1, \cdots, \beta_f, E, \alpha_2, \cdots, \alpha_f, t$ の関数として表わせば，運動がきまることになる．

例題1　ポテンシャルが $U(r)$ で与えられる中心力場内を運動する質点の運動（ただし始めから平面運動として扱ってよい）をハミルトン-ヤコービの方法で扱うとどうなるか．

［解］　平面極座標 r, θ を用いると，ハミルトン関数は

$$H = \frac{1}{2m}\left(p_r{}^2 + \frac{1}{r^2}p_\theta{}^2\right) + U(r)$$

で与えられるから，t を含まない場合のハミルトン-ヤコービの方程式(4.41)は

$$\frac{1}{2m}\left(\frac{\partial S}{\partial r}\right)^2 + \frac{1}{2mr^2}\left(\frac{\partial S}{\partial \theta}\right)^2 + U(r) = E$$

となる．θ は循環座標で $p_\theta=$一定 は既知であるから，$p_\theta = \alpha$ とおいてよい．そうすると(4.43)の第1式から

$$\frac{\partial S}{\partial \theta} = \alpha$$

であることがわかる．したがって

$$S = S_r(r) + \alpha\theta$$

とおける．これを上の式に代入すると

$$\left(\frac{dS_r}{dr}\right)^2 = 2m\{E - U(r)\} - \frac{\alpha^2}{r^2}$$

を得るから

$$S_r(r) = \pm\int\sqrt{2m\{E - U(r)\} - \frac{\alpha^2}{r^2}}\,dr$$

したがって

$$S = \pm\int\sqrt{2m\{E - U(r)\} - \frac{\alpha^2}{r^2}}\,dr + \alpha\theta$$

と表わされることがわかる．あとは(4.43)に従って

$$p_r = \frac{\partial S}{\partial r} = \pm\sqrt{2m\{E - U(r)\} - \frac{\alpha^2}{r^2}} \tag{i}$$

$$\beta_r = \frac{\partial S}{\partial E} - t = \pm \int \frac{mdr}{\sqrt{2m\{E-U(r)\}-(\alpha^2/r^2)}} - t \qquad \text{(ii)}$$

$$\beta_\theta = \frac{\partial S}{\partial \alpha} = \mp \int \frac{\alpha}{\sqrt{2m\{E-U(r)\}-(\alpha^2/r^2)}} \frac{dr}{r^2} + \theta \qquad \text{(iii)}$$

を計算すればよい．(i)の意味は説明するまでもないであろう．(ii)は $r(t)$ を与え，(iii)は r と θ の関係つまり軌道の方程式を与える．(ii)と(iii)から r を消去すれば $\theta(t)$ もわかることになる．▌

第4章演習問題

［1］ ラグランジュの方程式を用い，q と p の微小変化 $\{dq_i\}$, $\{dp_i\}$ による

$$H = \sum_i p_i \dot{q}_i - L$$

の微小変化は

$$dH = \sum (\dot{q}_i dp_i - \dot{p}_i dq_i)$$

と書けることを示し，これからハミルトンの正準方程式を導け．ただし，$t, q_1, \cdots, q_f, p_1, \cdots, p_f$ は互いに独立と考え，t は固定しているとしてよい．

［2］ ポテンシャル

$$U(r) = -\frac{C}{r} \qquad (C\text{は正の定数})$$

で記述される中心力場内で運動する質点の軌道が円に近い場合について，それを平面極座標で表わしたとき，位相空間内のどのような「運動」で表現されるかを説明せよ．

［3］ 1次元調和振動子についてリウビルの定理を確かめよ．

［4］ ポアソンの括弧式についてつぎの関係が成り立つことを示せ．

c が定数ならば，$[u, c] = 0$

$$[u, v] = -[v, u]$$

$$[u_1 + u_2, v] = [u_1, v] + [u_2, v]$$

$$[u_1 u_2, v] = u_1[u_2, v] + u_2[u_1, v]$$

$$\frac{\partial}{\partial t}[u, v] = \left[\frac{\partial u}{\partial t}, v\right] + \left[u, \frac{\partial v}{\partial t}\right]$$

$$\frac{d}{dt}[u, v] = \left[\frac{du}{dt}, v\right] + \left[u, \frac{dv}{dt}\right]$$

［5］ q, p と Q, P とが

$$Q = \log\left(\frac{\sin p}{q}\right), \qquad P = q\frac{\cos p}{\sin p}$$

という関係にあるとき，$(q, p) \to (Q, P)$ は正準変換であることを示せ．

［6］ 3次元デカルト座標と極座標の間の点変換は，母関数

$$W = -(p_x r\sin\theta\cos\phi + p_y r\sin\theta\sin\phi + p_z r\cos\theta)$$

から導かれることを示せ．

［7］ 力を受けずに等速度運動する質点の場合のハミルトン-ヤコービの偏微分方程式をつくって解け．

［8］ 放物運動をハミルトン-ヤコービの偏微分方程式によって扱うとどうなるか．

作用変数と前期量子論

中心力場に束縛されて運動している質点を極座標 r, θ, ϕ で記述し，ハミルトン-ヤコービの方法で扱うと，変数分離という手続きが可能で，得られる $r(t), \theta(t), \phi(t)$ はどれも周期運動(振動または回転)になる．そこでこれらと p_r, p_θ, p_ϕ とに正準変換を施して，作用変数 J_r, J_θ, J_ϕ と角変数 w_r, w_θ, w_ϕ とを導入することができる(105ページを参照)．そうすると，$\theta(t)$ の周期と $\phi(t)$ の周期が等しいことがただちに出てくる．

さらにその力が逆2乗則($\propto r^{-2}$)に従う場合には，$r(t)$ の周期もそれに等しく，したがって軌道が閉曲線になることが示される．とはいっても，これらの結果は何も上のような高級な方法を使わなくても初等的に導出できることであるから，ハミルトン-ヤコービの方程式や作用変数といった道具だては牛刀を振りまわす感じがするであろう．これらの方法が力を発揮するのは，他の惑星の影響などでケプラーの法則からはずれる運動を調べたりする場合である．そんなわけで作用変数と角変数とは天文学者だけが用いる古典力学の奥義のようになっていたという．

それがにわかに脚光を浴び，物理学の最先端に躍り出たのは，ボーア(N. Bohr)が原子内電子の運動を扱う(前期)量子論に量子条件というものを導入

して以来であった．古典力学的に可能な軌道のうちから，原子の世界で許されるものを選び出すのが量子条件であるが，それは「作用変数の値(保存量)はプランクの定数hというものの整数倍に限られる」という形に表現される．こうして作用変数・角変数は，前期量子論全盛時代の理論物理学者には不可欠の道具となった．道具として使うからには，それは研ぎすまされねばならない．

正準変換や作用変数・角変数のよい参考書として挙げられるもののなかに，ボルン(M. Born)の『原子力学』とか，ゾンマーフェルト(A. Sommerfeld)の『原子構造とスペクトル線』といった本が含まれるのは，上記のような理由による．これらの本は，古典解析力学の本としては非常に立派なものであるが，前期量子論が量子力学にとって代わられてしまって半世紀以上もたった現在では，原子構造の参考書としては全く時代遅れで歴史的なものになってしまっている．なお，量子力学ができかかりの1925〜26年にボルンがマサチューセッツ工科大学で行なった講義を本にした『原子力学の諸問題』の邦訳が出ており(岩本文明訳，三省堂1973)，当時の研究の雰囲気がうかがわれて興味深い．

5

力学系の微小振動

力学系の運動のうちで非常に普遍的なもののひとつがこの微小振動である．現代物理学にも広汎な応用をもつ．また，物理数学の手法のうちの重要ないくつかにもここで触れることができる．利用するのはラグランジュの方程式であるから，第3章，第4章を経ないでさきに本章を読んでも理解できるはずである．具体例で一応のことを知った上で一般論を学ぶように配慮した．

5-1 2重振り子

まず簡単な例から始めることにする．用いる方法はラグランジュの運動方程式である．

図5-1に示したように，長さ l_1 の糸の先に質量 m_1 のおもりをつけ，その先にさらに長さ l_2 の糸をつけて質量 m_2 のおもりをつるしたのが2重振り子である．これをひとつの鉛直面内(図の紙面内)で小さく振動させた場合を考えることにする．

2本の糸が鉛直とつくる角 θ_1, θ_2 を一般化座標にすれば，この場合の束縛条件は自動的に満たされ，おもりの位置は確定する．角が小さいときのみを考えるから，微小量の1次までの近似をとると，

$$\sin\delta \fallingdotseq \tan\delta \fallingdotseq \delta, \qquad \cos\delta \fallingdotseq 1$$

としてよい．そうすると，この場合のおもりの運動は水平方向だけを考えることになる．この近似で，m_1 の速さは $l_1\dot{\theta}_1$，m_2 の速さは $l_1\dot{\theta}_1+l_2\dot{\theta}_2$ となるから，運動エネルギーは

$$T=\frac{m_1}{2}l_1^2\dot{\theta}_1^2+\frac{m_2}{2}(l_1\dot{\theta}_1+l_2\dot{\theta}_2)^2$$

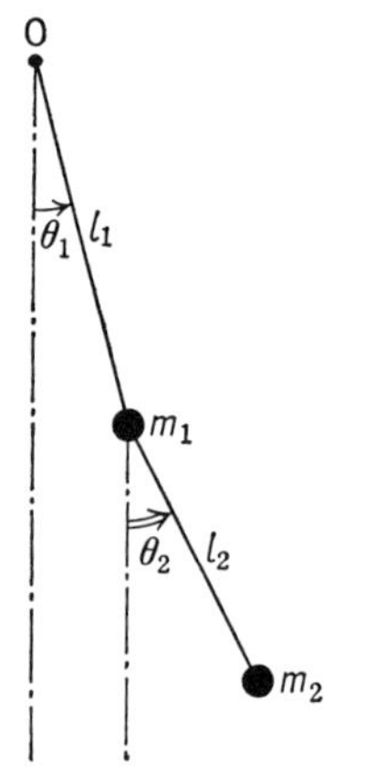

図5-1

となる．

ポテンシャル・エネルギーは，$\theta_1=\theta_2=0$ のときを0にとると

$$U = m_1gl_1(1-\cos\theta_1)+m_2g\{l_1(1-\cos\theta_1)+l_2(1-\cos\theta_2)\}$$

と書かれるが，ここで $\cos\theta_i=1$ とすると $U\equiv 0$ となって振り子を動かす力が出てこなくなってしまうから，最低次の非零項である2次まで残さざるをえない．そうすると

$$1-\cos\theta_i \doteqdot \frac{1}{2}\theta_i^2$$

であるから

$$\begin{aligned} U &= \frac{1}{2}m_1gl_1\theta_1^2+\frac{1}{2}m_2g(l_1\theta_1^2+l_2\theta_2^2) \\ &= \frac{1}{2}(m_1+m_2)gl_1\theta_1^2+\frac{1}{2}m_2gl_2\theta_2^2 \end{aligned}$$

となる．

以上により，ラグランジュ関数は

$$L = \frac{1}{2}[(m_1+m_2)l_1^2\dot{\theta}_1^2+2m_2l_1l_2\dot{\theta}_1\dot{\theta}_2+m_2l_2^2\dot{\theta}_2^2-(m_1+m_2)gl_1\theta_1^2-m_2gl_2\theta_2^2] \tag{5.1}$$

となり，ラグランジュの運動方程式

$$\frac{d}{dt}\left(\frac{\partial L}{\partial\theta_i}\right) = \frac{\partial L}{\partial\theta_i} \qquad (i=1, 2)$$

をつくると

$$\begin{aligned} (m_1+m_2)l_1\ddot{\theta}_1+m_2l_2\ddot{\theta}_2 &= -(m_1+m_2)g\theta_1 \\ l_1\ddot{\theta}_1+l_2\ddot{\theta}_2 &= -g\theta_2 \end{aligned} \tag{5.2}$$

が得られる．

話を具体的にするために，$m_1=m_2$，$l_1=l_2=l$ の場合を考えよう．このとき(5.2)は

$$\begin{aligned} 2\ddot{\theta}_1+\ddot{\theta}_2 &= -2\gamma\theta_1 \\ \ddot{\theta}_1+\ddot{\theta}_2 &= -\gamma\theta_2 \end{aligned} \qquad \left(\gamma=\frac{g}{l}\right) \tag{5.3}$$

となるから，第1式に第2式の λ 倍を加えると

$$\frac{d^2}{dt^2}[(2+\lambda)\theta_1+(1+\lambda)\theta_2] = -\gamma(2\theta_1+\lambda\theta_2)$$

という式が得られる．ここで，左辺の $[\cdots]$ 内と右辺の $(\cdots)$ 内が比例するような λ を探すのである．それには

$$\frac{2+\lambda}{1+\lambda} = \frac{2}{\lambda}$$

を解けばよいから，

$$\lambda = \pm\sqrt{2}$$

が簡単に求められる．これを上の式に入れると

$$\frac{d^2}{dt^2}(\sqrt{2}\,\theta_1\pm\theta_2) = -(2\mp\sqrt{2})\gamma(\sqrt{2}\,\theta_1\pm\theta_2)$$

という式になる．そこで

$$\omega_1 = \sqrt{(2-\sqrt{2})\gamma}, \qquad \omega_2 = \sqrt{(2+\sqrt{2})\gamma}$$

とおくと，上の式の一般解は

$$\begin{aligned}\sqrt{2}\,\theta_1+\theta_2 &= A\cos(\omega_1 t+\alpha)\\ \sqrt{2}\,\theta_1-\theta_2 &= B\cos(\omega_2 t+\beta)\end{aligned} \tag{5.4}$$

となる．A, B, α, β は積分定数である．この2式から

$$\begin{aligned}\theta_1 &= \frac{1}{2\sqrt{2}}\{A\cos(\omega_1 t+\alpha)+B\cos(\omega_2 t+\beta)\}\\ \theta_2 &= \frac{1}{2}\{A\cos(\omega_1 t+\alpha)-B\cos(\omega_2 t+\beta)\}\end{aligned} \tag{5.5}$$

が得られる．導入した定数は，初期条件などからきめられる．

m_1, m_2, l_1, l_2 が任意の値をとるときでも，全く同じようにして解を求めることができる．

さて，(5.5)式は $\theta_1(t), \theta_2(t)$ がどちらも一般には2つの単振動——角振動数 ω_1 と ω_2——の重ね合わせになっていることを示す．しかし，特別な場合として，$A\neq 0$ で $B=0$ のときをとると $\theta_1(t)$ も $\theta_2(t)$ も角振動数が ω_1 の調和振動になる．逆に $A=0$，$B\neq 0$ とすると，角振動数が ω_2 の調和振動になる．ω_1 の場

合にはθ_1とθ_2の振幅比は

$$\frac{1}{2\sqrt{2}}A : \frac{1}{2}A = 1 : \sqrt{2}$$

となり，ω_2の場合にはそれは

$$\frac{1}{2\sqrt{2}}B : -\frac{1}{2}B = 1 : -\sqrt{2}$$

となる．つまり，こうなるような初期条件を与えれば，振り子は単純な振動をするが，一般には(5.5)のような複雑な運動になってしまう．

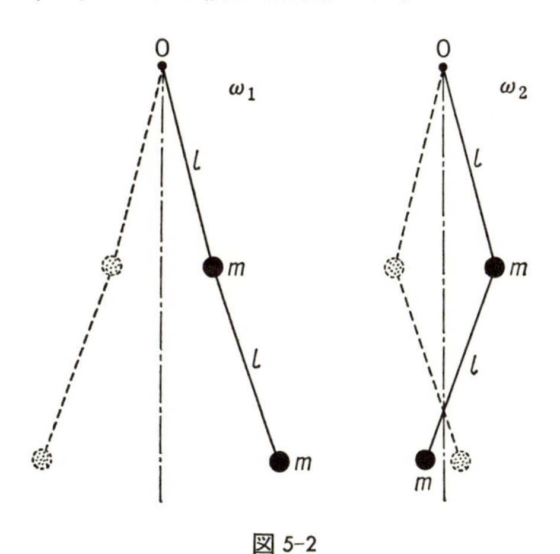

図 5-2

$\sqrt{2}\,\theta_1 \pm \theta_2$という特別な組み合わせが，(5.4)のような単振動になるということは，一般化座標をθ_1, θ_2から点変換して

$$Q_1 = \sqrt{2}\,\theta_1 + \theta_2, \qquad Q_2 = \sqrt{2}\,\theta_1 - \theta_2 \tag{5.6}$$

で定義されるものを新しい一般化座標として採用すれば，

$$\ddot{Q}_1 = -\omega_1{}^2 Q_1, \qquad \ddot{Q}_2 = -\omega_2{}^2 Q_2 \tag{5.7}$$

になるということを示唆している．実際，(5.6)を逆に解いて得られる

$$\theta_1 = \frac{1}{2\sqrt{2}}(Q_1 + Q_2), \qquad \theta_2 = \frac{1}{2}(Q_1 - Q_2)$$

を(5.1)式で$m_1 = m_2 = m$，$l_1 = l_2 = l$としたラグランジュ関数

$$L = \frac{ml^2}{2}(2\dot{\theta}_1{}^2 + 2\dot{\theta}_1\dot{\theta}_2 + \dot{\theta}_2{}^2) - \frac{mgl}{2}(2\theta_1{}^2 + \theta_2{}^2)$$

に入れてみると

$$L = \frac{ml^2}{8}\{(2+\sqrt{2})\dot{Q}_1{}^2 + (2-\sqrt{2})\dot{Q}_2{}^2\} - \frac{mgl}{4}(Q_1{}^2 + Q_2{}^2)$$

のように，$L=L_1+L_2$ と分離できる形になっており，これから運動方程式

$$\frac{d}{dt}\left(\frac{\partial L}{\partial \dot{Q}_i}\right) = \frac{\partial L}{\partial Q_i} \qquad (i=1,2)$$

をつくると(5.7)式

$$\ddot{Q}_1 = -(2-\sqrt{2})\frac{g}{l}Q_1$$

$$\ddot{Q}_2 = -(2+\sqrt{2})\frac{g}{l}Q_2$$

が出てくる．

この新しい一般化座標 $Q_1(t), Q_2(t)$ が表現している運動は，角振動数が ω_1, ω_2 の調和振動であり，(5.6)式が示すような，もとの座標の特別な組み合わせ(その結果が図 5-2 のような振幅比になる)としておこるものであって，これをこの場合の**基準振動**あるいは**ノーマル・モード**(normal mode)という．また新しい座標 Q_1, Q_2 のことを**基準座標**と呼ぶ．

もとのラグランジュ関数には，θ_1 の振動と θ_2 の振動とを結びつける項として $\dot{\theta}_1\dot{\theta}_2$ に比例する項が存在した．これがなければ，θ_1 と θ_2 は(Q_1, Q_2 と同様に)独立な 2 つの単振動になるのである．場合によってはそのような項が U のなかに $\theta_1\theta_2$ に比例する項として現われることもあるし，T と U の両方に現われることもある．$\theta_1, \theta_2 \rightarrow Q_1, Q_2$ の変換は，$\dot{\theta}_i$ の 2 次同次式である T あるいは θ_i の 2 次同次式である U から交差項を消して，これらを 2 乗の和の形にするために行なうのだと考えればよい．次の節で，そのような手続きの一般論を学ぶとしよう．

5-2 平衡点とラグランジュ関数

力学系の振動というのは，外力を加えなければつり合いで静止を続けるような状態の系に，何か作用を及ぼしてつり合いの位置から少し変位させたとき，それを元に戻すような力(復元力)が働くことと，慣性の存在によって元に戻って止まらずに勢い余って反対側へ変位してしまうことによって生じる．それはいったい，どのような式で表現されるのであろうか．

自由度 f の系を考え，その運動を記述する一般化座標を $q_1, q_2, \cdots, q_f$ としよう．前節の θ_1, θ_2 はその一例である．この系は t を直接には含まないラグランジュ関数 $L=T-U$ によって記述され，U は $q_1, \cdots, q_f$ のみの関数で速度 $\{\dot{q}_i\}$ には依存しないものとする．

$$T = T(q, \dot{q}), \qquad U = U(q)$$

運動エネルギー T は $\dot{q}_1=\dot{q}_2=\cdots=\dot{q}_f=0$ のとき 0 になるとする．これは座標系が静止していることを意味する．(そうでない例としては第2章(44ページ)の問題3などがある.) そうすると T は $\dot{q}_i$ の1次の項を含まず，2次の同次式になる．

$$T = \frac{1}{2}\sum_{i,j} K_{ij}\dot{q}_i\dot{q}_j \tag{5.8}$$

係数は $K_{ij}=K_{ji}$ のようにとっておく．

さて，ラグランジュの運動方程式

$$\frac{d}{dt}\left(\frac{\partial L}{\partial \dot{q}_i}\right) = \frac{\partial L}{\partial q_i} \qquad (i=1, 2, \cdots, f)$$

から特別な解として静止状態

$$q_i = q_i^{(0)} = \text{定数} \qquad (i=1, 2, \cdots, f)$$

が得られるということは，右辺の $\partial L/\partial q_i$——$\{q_i\}$ と $\{\dot{q}_i\}$ の関数——が $\dot{q}_1=\dot{q}_2=\cdots=\dot{q}_f=0$，$q_1=q_1^{(0)}, q_2=q_2^{(0)}, \cdots, q_f=q_f^{(0)}$ を入れたときに 0 になる

$$\frac{\partial L}{\partial q_i} = 0 \qquad (i=1, 2, \cdots, f) \tag{5.9}$$

ということである．なぜなら

$$\frac{\partial L}{\partial \dot{q}_i} = \frac{\partial T}{\partial \dot{q}_i}$$

は $\dot{q}_1, \cdots, \dot{q}_f$ の1次の同次式であり，それを t で微分したもの($\dot{p}_i$ に等しい)は $\dot{q}_1=\dot{q}_2=\cdots=\dot{q}_f=0$，$\ddot{q}_1=\ddot{q}_2=\cdots=\ddot{q}_f=0$ を入れると0になってしまうからである．f 個の式(5.9)から $q_1^{(0)}, q_2^{(0)}, \cdots, q_f^{(0)}$ が求められるから，それで平衡の位置がわかることになる．

そこでこの位置を $q_1, q_2, \cdots, q_f$ の原点にとることにする．つまり，$q_i - q_i^{(0)}$ を改めて q_i と書くことにするのである．そうすると，この平衡の位置の付近における運動のみを考える限り，$U(q_1, q_2, \cdots, q_f)$ に対しては展開式

$$U = U_0 + \sum_i b_i q_i + \frac{1}{2}\sum_{i,j} c_{ij} q_i q_j$$

を用いてよいであろう．同様にして，一般には q の関数である(5.8)の K_{ij} も $q_1, q_2, \cdots, q_f$ のベキ級数に展開できるが，これには小さい量の2次である $\dot{q}_i\dot{q}_j$ がかかるので，展開の0次の項(定数項)だけとってあとは捨ててしまうことにする．つまり(5.8)の K_{ij} は q によらない定数である．そうすると $\partial T/\partial q_i = 0$ になるから，(5.9)は

$$\left(\frac{\partial U}{\partial q_i}\right)_0 = 0 \qquad (i=1, 2, \cdots, f)$$

となる．添字の0は $q_1=q_2=\cdots=q_f=0$ に対する $\partial U/\partial q_i$ の値をとれ，という意味である．そうすると，U の展開の1次の項は消えなくてはいけないことになるから，

$$b_1 = b_2 = \cdots = b_f = 0$$

である．U の原点を U_0 にとりなおすことにすると，結局 U は

$$U = \frac{1}{2}\sum_{i,j} c_{ij} q_i q_j \tag{5.10}$$

と表わされることになる．$c_{ij}=c_{ji}$ にとることは K_{ij} と同様である．

平衡の位置 $q_1=q_2=\cdots=q_f=0$ から少しずれたときに，必ず元へ戻すように力が働くためには，平衡の位置は U が極小値をとるところでなければいけない．そのためには(5.10)が正値2次形式でなければならない．正値2次形式と

いうのは，例えば

$$x^2-xy+y^2 = \left(x-\frac{y}{2}\right)^2+\frac{3}{4}y^2 \geqq 0$$

のように，$q_1=q_2=\cdots=q_f=0$ 以外では必ず正の値をとる2次の同次式のことである．

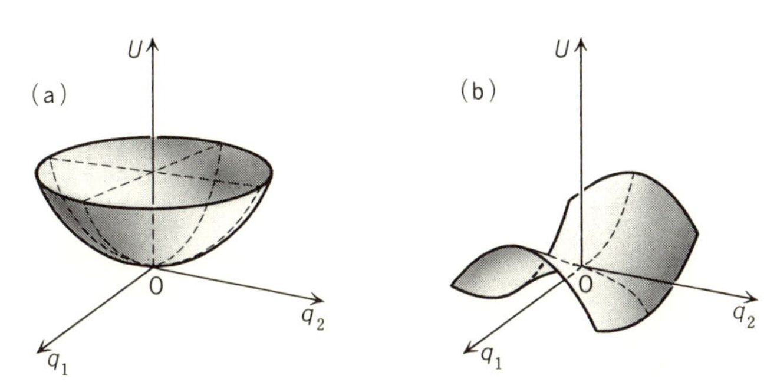

図 5-3　平衡が安定で，そこを中心にした振動がおこるためには，平衡位置は(a)のように U の極小になるところでなくてはいけない．極大や，(b)のような鞍点部でもいけない．

運動エネルギーは，定義からいって，負にはならない量であるから，(5.8)式もまた $\dot{q}_1, \cdots, \dot{q}_f$ に関する正値2次形式である．このようにして，われわれの扱おうとする系のラグランジュ関数は

$$L = T-U = \frac{1}{2}\sum_{i,j} K_{ij}\dot{q}_i\dot{q}_j-\frac{1}{2}\sum_{i,j} c_{ij}q_iq_j \tag{5.11}$$

のように，2つの正値2次形式によって表わされるものになることがわかった．

問題1　(5.1)式が上のようになっていることを確かめよ．

5-3　基準振動と基準座標 I

ラグランジュ関数(5.11)から運動方程式をつくると，

$$\sum_j K_{ij}\ddot{q}_j+\sum_j c_{ij}q_j = 0 \qquad (j=1, 2, \cdots, f) \tag{5.12}$$

という f 個の方程式が得られる．これから基準振動の振動数と基準座標を求めようというのが本節の課題である．基準振動がおきているときには，5-1 節で見たように，すべての q_j が同じ角振動数 ω でそろって(振幅の正負により逆相のこともある)

$$q_j = A_j \cos(\omega t+\alpha) \tag{5.13}$$

のように振動する．そこでこれを(5.12)に代入すると，

$$\sum_j (-K_{ij}\omega^2+c_{ij})A_j \cos(\omega t+\alpha) = 0$$

となるから

$$\sum_j (K_{ij}\omega^2-c_{ij})A_j = 0 \tag{5.14}$$

という式が得られる．行列(マトリクス)を使えば

$$\begin{pmatrix} K_{11}\omega^2-c_{11} & K_{12}\omega^2-c_{12} & \cdots & K_{1f}\omega^2-c_{1f} \\ K_{21}\omega^2-c_{21} & K_{22}\omega^2-c_{22} & \cdots & K_{2f}\omega^2-c_{2f} \\ \cdots & \cdots & \cdots & \cdots \\ K_{f1}\omega^2-c_{f1} & K_{f2}\omega^2-c_{f2} & \cdots & K_{ff}\omega^2-c_{ff} \end{pmatrix} \begin{pmatrix} A_1 \\ A_2 \\ \vdots \\ A_f \end{pmatrix} = 0 \tag{5.14 a}$$

と表わすこともできる．

さて，(5.14)を f 個の未知数 $A_1, A_2, \cdots, A_f$ に対する連立方程式と見れば，数も f 個でちょうどよさそうに思えるがそうでない．(5.14)の各項はすべて A_j を 1 次で含むから，全体を例えば A_1 で割って，$f-1$ 個の A_j/A_1 ($j=2, 3, \cdots, f$) を求める方程式とみなす方が正しい．つまり，(5.14)からきまるのは $A_1 : A_2 : \cdots : A_f$ の比のみであって，絶対値はきまらないのである．そうすると，きめるべき未知数が $f-1$ 個なのに方程式は f 個あって過剰である．そこで，例えば(5.14)のうちの最初の $f-1$ 個 ($i=1, 2, \cdots, f-1$) からきめた

$$\frac{A_2}{A_1},\ \frac{A_3}{A_1},\ \cdots,\ \frac{A_f}{A_1}$$

を最後の式 ($i=f$) に入れて，それが正しく成り立つことが必要である．数学の定理によると，それは(5.14 a)の正方行列 $(K_{ij}\omega^2-c_{ij})$ からつくった行列式が 0，という条件(必要十分)で表わされる．

$$\begin{vmatrix} K_{11}\omega^2-c_{11} & K_{12}\omega^2-c_{12} & \cdots & K_{1f}\omega^2-c_{1f} \\ K_{21}\omega^2-c_{21} & K_{22}\omega^2-c_{22} & \cdots & K_{2f}\omega^2-c_{2f} \\ & \cdots\cdots & & \\ K_{f1}\omega^2-c_{f1} & K_{f2}\omega^2-c_{f2} & \cdots & K_{ff}\omega^2-c_{ff} \end{vmatrix} = 0 \qquad (5.14\text{b})$$

ところが実は ω^2 も未知だったのであるから，この式を満たすような ω^2 をとれば(5.13)のような解が求められるということになる．(5.14 b)は ω^2 に関する f 次の代数方程式であるから，これを解けば(重根を別々にかぞえて) f 個の根 $\omega_1{}^2, \omega_2{}^2, \cdots, \omega_f{}^2$ が得られる．そして，T も U も正値2次形式であるならば，これら f 個の根はすべて正である，というのが数学定理の教えるところである．ω_j にわざわざ負の値を考えても(5.13)の結果は正の値のときと物理的に同じであるから，2乗根の正の方だけをとって

$$\omega_1,\ \ \omega_2,\ \ \cdots,\ \ \omega_f$$

とすれば，これが基準振動の角振動数になる．基準振動の振動数のことを**固有振動数**ということも多い．また，(5.14 b)のような方程式のことを物理では**永年方程式**というならわしである．

問題 2　5-1節の2重振り子で $l_1=l_2=l$，$m_1=m_2=m$ の場合に対して以上の手続きを適用し，基準振動の角振動数を求めてみよ．

5-4　基準振動と基準座標 II

永年方程式を解いて $\omega_1{}^2, \omega_2{}^2, \cdots, \omega_f{}^2$ が求められたら，そのそれぞれについて(5.14)を解き，$A_1, A_2, \cdots, A_f$ をきめる．きめることができるのはこれらの比だけであるが，さしあたり適当に——例えば $A_1=1$ として——きめたものを

$$\begin{array}{ll} \omega_1{}^2 \text{ に対して} & A_1{}^{(1)}, A_2{}^{(1)}, \cdots, A_f{}^{(1)} \\ \omega_2{}^2 \text{ に対して} & A_1{}^{(2)}, A_2{}^{(2)}, \cdots, A_f{}^{(2)} \\ & \cdots\cdots\cdots \\ \omega_f{}^2 \text{ に対して} & A_1{}^{(f)}, A_2{}^{(f)}, \cdots, A_f{}^{(f)} \end{array}$$

としよう．これらは(5.14)式，つまり

$$\sum_j (K_{ij}\omega_k{}^2 - c_{ij})A_j{}^{(k)} = 0 \tag{i}$$

をみたす．ω_l $(\neq \omega_k)$ に対しては

$$\sum_j (K_{ij}\omega_l{}^2 - c_{ij})A_j{}^{(l)} = 0$$

が成り立つが，ここで番号の i と j をつけかえて

$$\sum_i (K_{ji}\omega_l{}^2 - c_{ji})A_i{}^{(l)} = 0$$

とし，$K_{ji}=K_{ij}$，$c_{ji}=c_{ij}$ であることを利用すると

$$\sum_i (K_{ij}\omega_l{}^2 - c_{ij})A_i{}^{(l)} = 0 \tag{ii}$$

となる．上の(i)式に $A_i{}^{(l)}$ をかけて i で加えたものと，(ii)式に $A_j{}^{(k)}$ をかけて j について加えたものをつくって並べてみよう．

$$\sum_i \sum_j (K_{ij}\omega_k{}^2 - c_{ij})A_i{}^{(l)}A_j{}^{(k)} = 0$$

$$\sum_i \sum_j (K_{ij}\omega_l{}^2 - c_{ij})A_i{}^{(l)}A_j{}^{(k)} = 0$$

引き算をすると c_{ij} の入った項はなくなって

$$(\omega_k{}^2 - \omega_l{}^2)\sum_i \sum_j K_{ij}A_i{}^{(l)}A_j{}^{(k)} = 0$$

となるが，いま $\omega_k{}^2 \neq \omega_l{}^2$ としているから

$$\boxed{\sum_i \sum_j K_{ij}A_i{}^{(l)}A_j{}^{(k)} = 0} \tag{5.15}$$

という重要な関係が得られる．これを，

ω_k に対する解:　$(A_1{}^{(k)}, A_2{}^{(k)}, \cdots, A_f{}^{(k)})$

ω_l に対する解:　$(A_1{}^{(l)}, A_2{}^{(l)}, \cdots, A_f{}^{(l)})$

の**直交関係**とよぶ．2つのベクトル $\boldsymbol{A}^{(1)}$ と $\boldsymbol{A}^{(2)}$ の成分 $(A_x{}^{(1)}, A_y{}^{(1)}, A_z{}^{(1)})$ と $(A_x{}^{(2)}, A_y{}^{(2)}, A_z{}^{(2)})$ の間に $A_x{}^{(1)}A_x{}^{(2)}+A_y{}^{(1)}A_y{}^{(2)}+A_z{}^{(1)}A_z{}^{(2)}=0$ の関係があるとき $\boldsymbol{A}^{(1)}$ と $\boldsymbol{A}^{(2)}$ は直交するので，それを f 次元に拡張して $(A_1{}^{(k)}, \cdots, A_f{}^{(k)})$ を f 次元ベクトルの成分とみなし，(5.15)の左辺をそのような2つの f 次元ベクトルの内積(スカラー積)と考えるのである．$K_{ij}=\delta_{ij}$ のときには $\sum_i A_i{}^{(l)}A_i{}^{(k)}$ となってふつうのベクトルの内積に(次元が異なる点を除き)一致するが，それ

を $K_{ij} \neq \delta_{ij}$ の場合に拡張したものだと考えればよい．

この(拡張された)内積の定義を使い，ふつうのベクトルでは自分自身との内積 $|\boldsymbol{A}|^2 = A_x{}^2 + A_y{}^2 + A_z{}^2$ がその大きさ(ノルム)の2乗であることを用いて，

$$\sum_i \sum_j K_{ij} A_i{}^{(k)} A_j{}^{(k)} = 1 \tag{5.16}$$

によって「ベクトル」$(A_1{}^{(k)}, A_2{}^{(k)}, \cdots, A_f{}^{(k)})$ のノルムを1に定めることにしよう．そうすると，$A_i{}^{(k)}$ は比だけでなく絶対値もきまることになる．ただし全体の符号を逆にしても同じなので，その点だけは不定になる．(5.16)のようにする手続きを**規格化**または**正規化**という．

いまさしあたり $\omega_1, \omega_2, \cdots, \omega_f$ が全部異なるとして，以上のようにして求めた互いに直交する f 個の解 $(A_1{}^{(k)}, A_2{}^{(k)}, \cdots, A_f{}^{(k)})$ $(k=1, 2, \cdots, f)$ を用いると，2重振り子の(5.5)式に対応する一般解として

$$\begin{aligned}
q_1(t) &= A_1{}^{(1)} a_1 \cos(\omega_1 t + \alpha_1) + A_1{}^{(2)} a_2 \cos(\omega_2 t + \alpha_2) + \cdots + A_1{}^{(f)} a_f \cos(\omega_f t + \alpha_f) \\
q_2(t) &= A_2{}^{(1)} a_1 \cos(\omega_1 t + \alpha_1) + A_2{}^{(2)} a_2 \cos(\omega_2 t + \alpha_2) + \cdots + A_2{}^{(f)} a_f \cos(\omega_f t + \alpha_f) \\
&\cdots\cdots\cdots\cdots\cdots\cdots \\
q_f(t) &= A_f{}^{(1)} a_1 \cos(\omega_1 t + \alpha_1) + A_f{}^{(2)} a_2 \cos(\omega_2 t + \alpha_2) + \cdots + A_f{}^{(f)} a_f \cos(\omega_f t + \alpha_f)
\end{aligned} \tag{5.17}$$

が得られることになる．$a_1, \alpha_1; a_2, \alpha_2; \cdots; a_f, \alpha_f$ は初期条件などによってきめられるべき積分定数である．この式で，a_k だけが有限で，その他の a_i がすべて0の場合が，k 番目の基準振動がおきているときである．$A_1{}^{(k)}, A_2{}^{(k)}, \cdots, A_f{}^{(k)}$ はそのときの $q_1, q_2, \cdots, q_f$ の振幅比を与えるわけである．

この(5.17)の第1式に $\sum_j K_{1j} A_j{}^{(k)}$，第2式に $\sum_j K_{2j} A_j{}^{(k)}$，…，最後の式に $\sum_j K_{fj} A_j{}^{(k)}$ をかけて全体を加える．左辺は

$$\sum_i \sum_j K_{ij} A_j{}^{(k)} q_i(t)$$

になるが，右辺は

$$\sum_i \sum_j K_{ij} A_i{}^{(1)} A_j{}^{(k)} a_1 \cos(\omega_1 t + \alpha_1) + \sum_i \sum_j K_{ij} A_i{}^{(2)} A_j{}^{(k)} a_2 \cos(\omega_2 t + \alpha_2) + \cdots + \sum_i \sum_j K_{ij} A_i{}^{(f)} A_j{}^{(k)} a_f \cos(\omega_f t + \alpha_f)$$

となり，直交関係(5.15)を使うと，この和のうちで残るのはk番目だけで，(5.16)のように規格化しておけば，右辺は結局$a_k\cos(\omega_k t+\alpha_k)$となってしまう．したがって

$$\sum_i\sum_j K_{ij}A_j^{(k)}q_i(t) = a_k\cos(\omega_k t+\alpha_k) \qquad (k=1,2,\cdots,f)$$

が得られる．これが2重振り子のときの(5.4)に対応する式である．そこで，基準座標$Q_k(t)$を上の式の左辺

$$Q_k(t) = \sum_i(\sum_j K_{ij}A_j^{(k)})q_i(t) \tag{5.18 a}$$

によって定義する．(5.17)は

$$q_i(t) = \sum_k A_i^{(k)}a_k\cos(\omega_k t+\alpha_k)$$

という式であるから，$a_k\cos(\omega_k t+\alpha_k)=Q_k(t)$により

$$q_i(t) = \sum_k A_i^{(k)}Q_k(t) \tag{5.18 b}$$

と書ける．$(q_1,q_2,\cdots,q_f)\leftrightarrow(Q_1,Q_2,\cdots,Q_f)$の変換が(5.18 a)と(5.18 b)で与えられるわけである．

$q_1,q_2,\cdots,q_f$を用いたのでは独立な単振動に分けることができず，振動が互いに相互作用しあう形になっていたが，新しい$Q_1,Q_2,\cdots,Q_f$で表わすと，これらは独立な単振動をすることが上のやり方でわかったと思う．ラグランジュの方程式でそれを確かめることを，つぎの問題として読者にまかせよう．

問題3　(5.18 b)式でiをjに書きかえたものを(5.12)に代入し，(5.14)を用いてc_{ij}を消去し，得られた式に$A_i^{(l)}$をかけてiについて和をとることにより，$\ddot{Q}_l=-\omega_l^2Q_l$を導いてみよ．

永年方程式が重根をもつ場合について簡単に触れておく．このようなときには，振動が**縮退**しているという．いま仮にω_1とω_2が縮退し$(\omega_1=\omega_2)$，この固有振動数が$\omega_3,\omega_4,\cdots$のどれとも等しくないとする．$(A_1^{(k)},A_2^{(k)},\cdots,A_f^{(k)})$をまとめて$\boldsymbol{A}^{(k)}$と略記する．$\omega_1=\omega_2$に対する(5.14)の解を何らかの方法で2組見出したとして，それを$\boldsymbol{A}',\boldsymbol{A}''$としよう．ただし$\boldsymbol{A}'$と$\boldsymbol{A}''$は1次独立(一方が他方の定数倍ではない)とする．$\boldsymbol{A}'$も$\boldsymbol{A}''$も$\boldsymbol{A}^{(3)},\boldsymbol{A}^{(4)},\cdots$と直交することは

(5.15)を導き出した議論のとおりであるが，$\boldsymbol{A}'$ と $\boldsymbol{A}''$ 相互の直交性だけが，一般には保証されていない．

いま $\boldsymbol{A}'$ と $\boldsymbol{A}''$ のかってな線形結合 $\boldsymbol{A}'''=c_1\boldsymbol{A}'+c_2\boldsymbol{A}''$ をつくったとすると，これも $\omega_1=\omega_2$ に対する(5.14)の解である．そこで $\boldsymbol{A}'$ と $\boldsymbol{A}'''$ の内積をつくると

$$(\boldsymbol{A}'\cdot\boldsymbol{A}''') = c_1(\boldsymbol{A}'\cdot\boldsymbol{A}')+c_2(\boldsymbol{A}'\cdot\boldsymbol{A}'')$$

となるから，これが0になるように，つまり

$$\frac{c_1}{c_2} = -\frac{(\boldsymbol{A}'\cdot\boldsymbol{A}'')}{(\boldsymbol{A}'\cdot\boldsymbol{A}')}$$

のように c_1 と c_2 を選べば，$\boldsymbol{A}'$ と $\boldsymbol{A}'''$ とは直交することになる．このどちらも，$\omega_1=\omega_2$ に対する(5.14)の解で，$\boldsymbol{A}^{(3)}, \boldsymbol{A}^{(4)}, \cdots$ とも直交する．必要ならば規格化して

$$(\boldsymbol{A}'\cdot\boldsymbol{A}') = (\boldsymbol{A}'''\cdot\boldsymbol{A}''') = 1$$

とすることは容易である．こうしてできた $\boldsymbol{A}'$ と $\boldsymbol{A}'''$ とを $\boldsymbol{A}^{(1)}, \boldsymbol{A}^{(2)}$ とすれば，$\boldsymbol{A}^{(1)}, \boldsymbol{A}^{(2)}, \boldsymbol{A}^{(3)}, \cdots, \boldsymbol{A}^{(f)}$ は

$$(\boldsymbol{A}^{(l)}\cdot\boldsymbol{A}^{(k)}) = \delta_{lk}$$

を満たすことになる．

上のやり方から分るように，$\boldsymbol{A}^{(1)}, \boldsymbol{A}^{(2)}$ のとり方は一意的ではない．例えば $\boldsymbol{A}''$ を $\boldsymbol{A}^{(1)}$，それに直交するようにきめたものを $\boldsymbol{A}^{(2)}$ としてもさしつかえない．

5-5 分子の振動

一般論ばかりでは具体的な像が描きにくいであろうから，ここで CO_2 分子の振動を例として取り上げてみることにする．この炭酸ガス分子は，C 原子を中央にして両側に O 原子が等間隔(a とする)についた直線形の分子である．いま，静止の平衡状態で分子軸の方向に x 軸をとり，これに垂直に y, z 軸をとったとする(図 5-4)．中心の C 原子の変位(位置ではなく，平衡からの変位)を X_0, Y_0, Z_0，両側の O 原子の変位を X_1, Y_1, Z_1, X_2, Y_2, Z_2 とする．CO_2 分子の運動はこの 9 個の一般化座標によって記述されることになる．

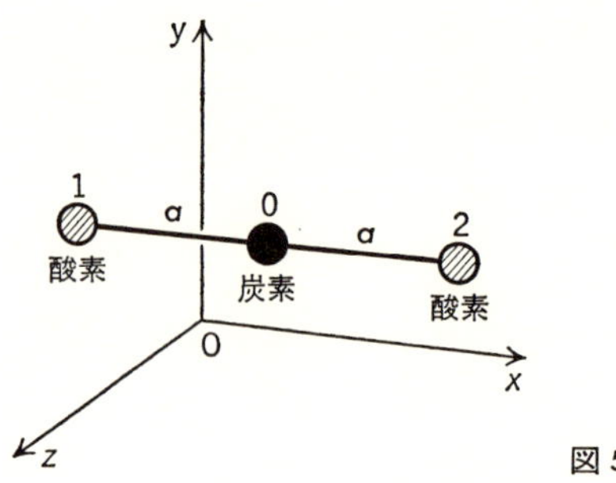

図 5-4

変位は微小と考えるから，X_0, X_1, X_2 は原子間隔の変化を生じ，伸縮振動を表わす座標として使われる．ここではそのような伸縮はないものとし(束縛条件をつけたことになる)，y 方向と z 方向だけの変位に着目する．そうすると，分子の復元力は図 5-5 の変角に対して働く．そのポテンシャル・エネルギーは，変角が大きくなければ

$$U = \frac{\kappa}{2}\theta^2$$

という形に表わされる．この θ^2 を Y_i, Z_i で表わすことを考えよう．図 5-5 の 2 と 2′ の距離は $a\theta$ で，分子を yz 面に射影した図 5-6 から明らかなように，

$$a\theta = \sqrt{(2Y_0 - Y_1 - Y_2)^2 + (2Z_0 - Z_1 - Z_2)^2}$$

で与えられる．したがって U は $k = \kappa/a^2$ として

$$U = \frac{k}{2}\{(2Y_0 - Y_1 - Y_2)^2 + (2Z_0 - Z_1 - Z_2)^2\}$$

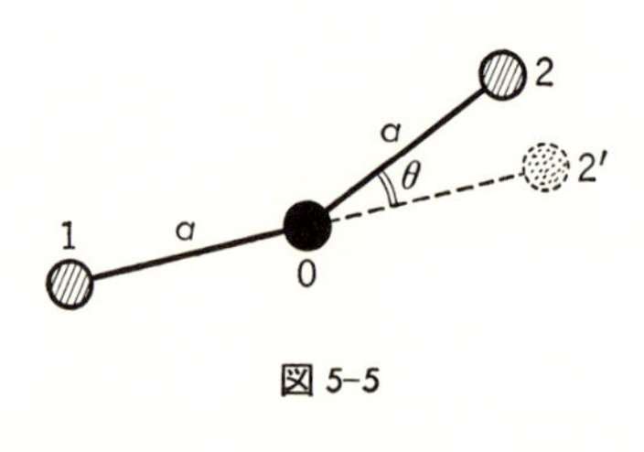

図 5-5

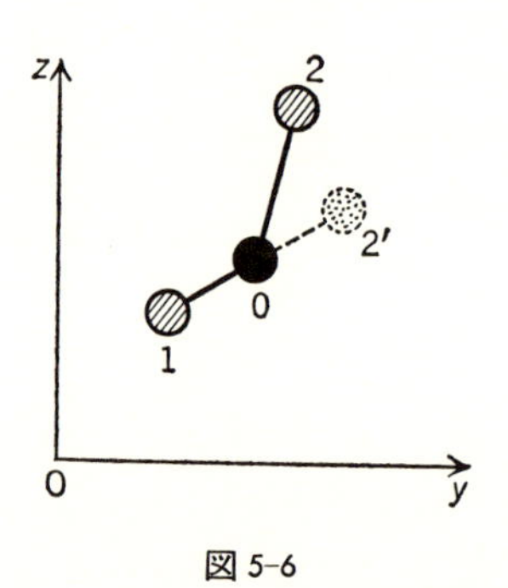

図 5-6

$$= \frac{k}{2}\{4Y_0^2 - 4Y_0(Y_1+Y_2) + (Y_1+Y_2)^2\}$$

$$+ \frac{k}{2}\{4Z_0^2 - 4Z_0(Z_1+Z_2) + (Z_1+Z_2)^2\}$$

となる．(Y_1+Y_2), (Z_1+Z_2) を崩さずにそのまま残した理由はそのうちに判明する．

C の質量を M, O の質量を m とすると，運動エネルギーは

$$T = \frac{M}{2}(\dot{Y}_0^2 + \dot{Z}_0^2) + \frac{m}{2}(\dot{Y}_1^2 + \dot{Z}_1^2 + \dot{Y}_2^2 + \dot{Z}_2^2)$$

$$= \left\{\frac{M}{2}\dot{Y}_0^2 + \frac{m}{2}(\dot{Y}_1^2 + \dot{Y}_2^2)\right\} + \left\{\frac{M}{2}\dot{Z}_0^2 + \frac{m}{2}(\dot{Z}_1^2 + \dot{Z}_2^2)\right\}$$

となる．U も T も，このように y 方向の項と z 方向の項の和に分離されているので，全体をいっしょに扱う必要はなく，別々にやってあとでいっしょに考えればよい．したがって，これから y 方向だけを扱うとしよう．

そうするとラグランジュ関数は

$$L_y = \frac{M}{2}\dot{Y}_0^2 + \frac{m}{2}(\dot{Y}_1^2 + \dot{Y}_2^2)$$

$$- \frac{k}{2}\{4Y_0^2 - 4Y_0(Y_1+Y_2) + (Y_1+Y_2)^2\} \tag{5.19}$$

となる．ここで部分的な点変換（Y_1Y_2 空間で座標軸を 45° 回転することに相当する）

$$Y_+ = \frac{1}{\sqrt{2}}(Y_1+Y_2), \qquad Y_- = \frac{1}{\sqrt{2}}(Y_1-Y_2) \tag{5.20}$$

を行なう．すぐわかるように

$$Y_1 = \frac{1}{\sqrt{2}}(Y_+ + Y_-), \qquad Y_2 = \frac{1}{\sqrt{2}}(Y_+ - Y_-)$$

$$\dot{Y}_1 = \frac{1}{\sqrt{2}}(\dot{Y}_+ + \dot{Y}_-), \qquad \dot{Y}_2 = \frac{1}{\sqrt{2}}(\dot{Y}_+ - \dot{Y}_-)$$

であるから

$$\dot{Y}_1^2 + \dot{Y}_2^2 = \dot{Y}_+^2 + \dot{Y}_-^2$$

となって，L は

$$L_y = \frac{M}{2}\dot{Y}_0{}^2 + \frac{m}{2}\dot{Y}_+{}^2 + \frac{m}{2}\dot{Y}_-{}^2 - \frac{4k}{2}Y_0{}^2 + 2\sqrt{2}\,kY_0Y_+ - \frac{2k}{2}Y_+{}^2 \tag{5.21}$$

となる．ここで運動エネルギーに交差項($\dot{Y}_i\dot{Y}_j\,(i\neq j)$ の項)がないのを幸いとして，$K_{ij}=\delta_{ij}$ にするために

$$\sqrt{M}\,Y_0 = q_0, \qquad \sqrt{m}\,Y_+ = q_1, \qquad \sqrt{m}\,Y_- = q_2 \tag{5.22}$$

とおく．もちろん $\sqrt{M}\,\dot{Y}_0=\dot{q}_0$, $\sqrt{m}\,\dot{Y}_\pm=\dot{q}_{1,2}$ である．そうすると

$$L_y = \frac{1}{2}(\dot{q}_0{}^2+\dot{q}_1{}^2+\dot{q}_2{}^2) - \frac{4k}{2M}q_0{}^2 - \frac{2k}{2m}q_1{}^2 + \frac{2\sqrt{2}\,k}{\sqrt{Mm}}q_0q_1 \tag{5.23}$$

となって，以下の扱いが楽になる．K_{ij}, c_{ij} は

$$K_{ij} = \delta_{ij}, \qquad c_{00} = \frac{4k}{M}, \qquad c_{11} = \frac{2k}{m}, \qquad c_{01} = -\sqrt{\frac{2}{Mm}}2k$$

となっている．他の c_{ij} はすべて 0 である．

ラグランジュの運動方程式を立ててみると

$$\begin{aligned} \ddot{q}_0 &= -\frac{4k}{M}q_0 + 2k\sqrt{\frac{2}{Mm}}q_1 \\ \ddot{q}_1 &= 2k\sqrt{\frac{2}{Mm}}q_0 - \frac{2k}{m}q_1 \\ \ddot{q}_2 &= 0 \end{aligned} \tag{5.24}$$

となって，q_0 と q_1 は連成振動を形成するが，q_2 には復元力が存在せず，振動にならないことがわかる．それには，$q_0=0$, $q_1=0$ で $q_2\neq 0$ のときを考えてみればよい．

$$Y_0 = 0, \qquad Y_1 + Y_2 = 0, \qquad Y_1 - Y_2 \neq 0 \qquad \therefore\quad Y_1 = -Y_2$$

であるから，中央の炭素原子は動かず，酸素原子 1 と 2 が逆向きに分子軸と垂直に動くのであるから，これは分子の回転である．回転に対して復元力が働くはずはない．したがって，$q_2(t)\neq 0$ の存在を許すと分子はそのまま回転して，変位が微小という仮定に反してしまう．これは U_y を $U_y(q_0, q_1, q_2)$ と表わしたとき，正値 2 次形式ではなく，図 5-8 のように q_2 方向では平らになっているためである．このような回転は別扱いにすべきものであるから，振動だけを調べ

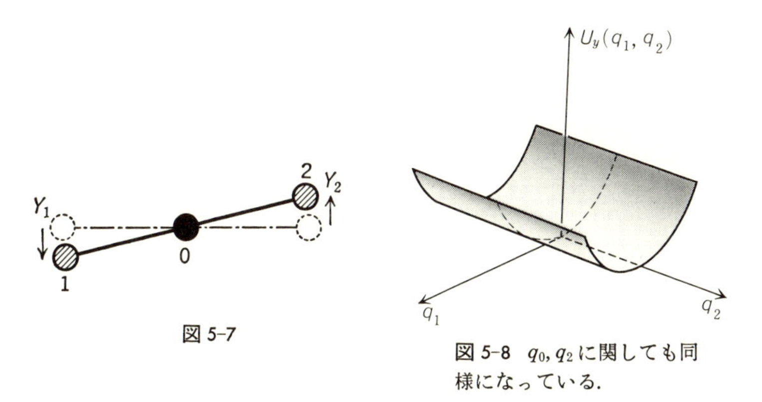

図 5-7

図 5-8　q_0, q_2 に関しても同様になっている.

るときには除外し，はじめから $q_2(t)=0$ というように仮定しておく(これも一種の束縛).

そうすると，考える必要のある自由度は q_0 と q_1 だけになる．つまり(5.24)のはじめの2式だけ扱えばよい．(5.14 b)の永年方程式をこの場合につくると

$$\begin{vmatrix} \omega^2-\dfrac{4k}{M} & 2k\sqrt{\dfrac{2}{Mm}} \\ 2k\sqrt{\dfrac{2}{Mm}} & \omega^2-\dfrac{2k}{m} \end{vmatrix}=0$$

となるから，これを解くと

$$\omega^2=\begin{cases} 0 & \therefore\quad \omega_1=0 \\ \dfrac{4k}{M}+\dfrac{2k}{m} & \therefore\quad \omega_2=\sqrt{\dfrac{4k}{M}+\dfrac{2k}{m}} \end{cases}$$

という2根が出てくる．また復元力0($\omega_1=0$)の運動が出てきてしまったが，これはいったい何を表わすのであろうか.

それを見るために，ω_1 と ω_2 について(5.14)を解いてみると

$$\omega_1=0 \qquad \text{に対しては}\quad \frac{A_2^{(1)}}{A_1^{(1)}}=+\sqrt{\frac{2m}{M}}$$

$$\omega_2=\sqrt{\frac{4k}{M}+\frac{2k}{m}} \quad \text{に対しては}\quad \frac{A_2^{(2)}}{A_1^{(2)}}=-\sqrt{\frac{M}{2m}}$$

となっていることがわかる．$K_{ij}=\delta_{ij}$ なので，ベクトルの内積は

$$(\boldsymbol{A}^{(l)}\cdot\boldsymbol{A}^{(k)}) = A_1{}^{(l)}A_1{}^{(k)}+A_2{}^{(l)}A_2{}^{(k)}$$

と簡単であり，$\boldsymbol{A}^{(1)}$ と $\boldsymbol{A}^{(2)}$ の直交性もすぐわかる．上に従って規格化すると

$$\omega_1 = 0: \qquad A_1{}^{(1)} = \sqrt{\frac{M}{M+2m}}, \quad A_2{}^{(1)} = \sqrt{\frac{2m}{M+2m}}$$

$$\omega_2 = \sqrt{\frac{4k}{M}+\frac{2k}{m}}: \qquad A_1{}^{(2)} = \sqrt{\frac{2m}{M+2m}}, \quad A_2{}^{(2)} = -\sqrt{\frac{M}{M+2m}}$$

が得られる．そこで(5.18a), (5.18b)に従って基準座標を書いてみると，(5.18a)は $Q_k(t)=\sum_i A_i{}^{(k)}q_i(t)$ となっているから

$$\left.\begin{aligned} Q_1 &= \sqrt{\frac{M}{M+2m}}q_0+\sqrt{\frac{2m}{M+2m}}q_1 \\ Q_2 &= \sqrt{\frac{2m}{M+2m}}q_0-\sqrt{\frac{M}{M+2m}}q_1 \end{aligned}\right\} \tag{5.25 a}$$

$$\left.\begin{aligned} q_0 &= \sqrt{\frac{M}{M+2m}}Q_1+\sqrt{\frac{2m}{M+2m}}Q_2 \\ q_1 &= \sqrt{\frac{2m}{M+2m}}Q_1-\sqrt{\frac{M}{M+2m}}Q_2 \end{aligned}\right\} \tag{5.25 b}$$

が得られる．さらに q_0, q_1 をもとの Y_0, Y_1, Y_2 に戻すと

$$Q_1 = \frac{MY_0+m(Y_1+Y_2)}{\sqrt{M+2m}}$$

$$Q_2 = \sqrt{\frac{Mm}{2(M+2m)}}\{2Y_0-(Y_1+Y_2)\}$$

となるから，$q_2=Q_2=0$ で $Q_1\neq 0$ のときを考えてみると

$$Y_1-Y_2 = 0, \qquad 2Y_0-(Y_1+Y_2) = 0$$

より

$$Y_0 = Y_1 = Y_2$$

つまり，分子全体が形をそのままに保って y 方向に動く並進運動になっていることがわかる．これにも復元力が働くはずはないから $\omega_1=0$ は当然なのである．重心の y 座標は

$$Y_G = \frac{My_0+m(y_1+y_2)}{M+2m}$$

で定義されるから，分子全体を y 方向に $Y_0(=Y_1=Y_2)$ だけ変位させると，

$y_0 \to y_0 + Y_0$, $y_1 \to y_1 + Y_0$, $y_2 \to y_2 + Y_0$ により

$$Y_G \to Y_G + \frac{MY_0 + m(Y_1 + Y_2)}{M+2m} = Y_G + \frac{Q_1}{\sqrt{M+2m}}$$

となる．Q_1 が並進運動(重心の移動)を表わす一般化座標であることはこれでもわかると思う．

こうして，回転と並進を分離すれば，振動の自由度として残るのは Q_2 だけであり，この Q_2 の振動的変化は図 5-5 のような**変角振動**を表わす．このラグランジュ方程式は

$$\ddot{Q}_2 = -\omega_2{}^2 Q_2 \tag{5.26}$$

となって，角振動数が

$$\omega_2 = \sqrt{\frac{4k}{M} + \frac{2k}{m}} \qquad \left(k = \frac{\kappa}{a^2}\right)$$

で与えられることもわかった．

z 方向も全くこれと同じで，回転と並進を分離して，同じ ω_2 の変角振動が得られる．この 2 つの変角振動は ω_2 が共通であるから，縮退している．しかしこれを，

$$q_0 = \sqrt{M}\,Y_0, \qquad q_1 = \sqrt{m}\,Y_+, \qquad q_2 = \sqrt{m}\,Y_-$$
$$q_3 = \sqrt{M}\,Z_0, \qquad q_4 = \sqrt{m}\,Z_+, \qquad q_5 = \sqrt{m}\,Z_-$$

という 6 つの一般化座標が張る 6 次元空間内のベクトルとみて，成分で表わすと，(5.25 a) が示すように Q_2 の $\boldsymbol{A}^{(2)}$ が

$$\boldsymbol{A}^{(2)} = \left(\sqrt{\frac{2m}{M+2m}},\ -\sqrt{\frac{M}{M+2m}},\ 0,\ 0,\ 0,\ 0\right)$$

であるのに対応して，z 方向の変角振動は

$$\boldsymbol{A}^{(2')} = \left(0,\ 0,\ 0,\ \sqrt{\frac{2m}{M+2m}},\ -\sqrt{\frac{M}{M+2m}},\ 0\right)$$

という 6 次元ベクトルで表わされるから，内積の直交性

$$(\boldsymbol{A}^{(2)} \cdot \boldsymbol{A}^{(2')}) = 0$$

は明らかである．

$\boldsymbol{A}^{(2)}$ (あるいはそれに $a\cos(\omega_2 t + \alpha)$ を掛けた Q_2) が xy 面に平行な面内での

変角振動，$\boldsymbol{A}^{(2')}$ が xz 面に平行な面内での変角振動を表わすことはよいとして，x 軸に平行な任意の他の面内での同じ形の振動はどうなるのか，という疑問が当然生じるであろう．$\boldsymbol{A}^{(2)}$ と $\boldsymbol{A}^{(2')}$ との線形結合がまさにそのような振動——ω_2 は同じ——を表わし，結合の係数によって面の傾きが表わせることを指摘し，あとは読者自らの考察にまかせることにしよう．この例によって，縮退がどのようなときにおこるかということも推察できると思う．

問題 4　変角振動の際のCとOの変位の比はどうなるか．

5-6　格子振動

質量 m のおもりと，長さが l で弾性定数が k のバネとをたくさん用意したものとしよう．これらをつなぎ合わせて図 5-9 のような鎖状のものをつくったとして，これをなめらかな水平面上に置き，おもりに鎖の長さの方向の微小振動をさせる場合を考える．おもりには左から順に番号をつけておき，j 番目のおもりの変位を ξ_j とする．

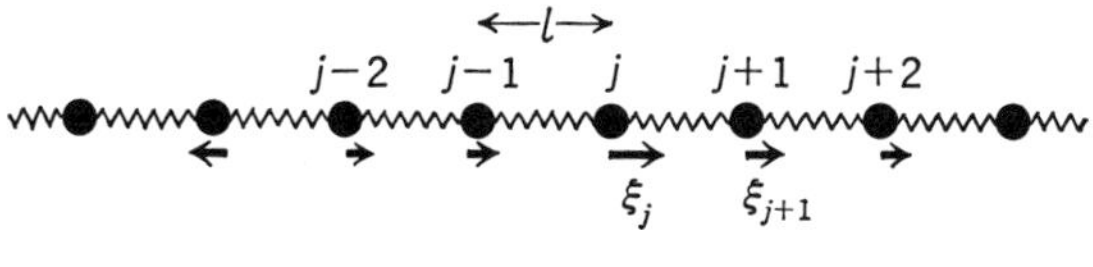

図 5-9

この系がもつ運動エネルギーは

$$T = \sum_j \frac{1}{2} m\dot{\xi}_j{}^2 \tag{5.27}$$

であり，バネのもつポテンシャル・エネルギーの和は

$$U = \sum_j \frac{1}{2} k(\xi_{j+1} - \xi_j)^2 = k\sum_j (\xi_j{}^2 - \xi_j \xi_{j+1}) \tag{5.28}$$

で表わされる．したがってラグランジュ関数は

$$L = \frac{1}{2}\sum_j \{m\dot{\xi}_j{}^2 - k(\xi_{j+1} - \xi_j)^2\} \tag{5.29}$$

となり，運動方程式は

$$m\ddot{\xi}_j = -k(2\xi_j - \xi_{j+1} - \xi_{j-1}) \tag{5.30}$$

という形になる．そこで，もし

$$\xi_{j+1}(t) + \xi_{j-1}(t) \propto \xi_j(t)$$

となっていれば，(5.30)式は単振動の方程式に帰着するから簡単に解けることになる．

いまこの連成振動の基準振動が求められたとして，そのうちのn番目だけが励起されているときを考えよう．それは(5.17)式で，$a_n \neq 0$ かつそれ以外の a_i はすべてが0の場合である．いま $q_1, \cdots, q_f$ に相当するのが $\xi_1, \cdots, \xi_N$ であるから，

$$\xi_j(t) = A_j{}^{(n)} a_n \cos(\omega_n t + \alpha_n) = A_j{}^{(n)} Q_n(t)$$

ということになる．したがって

$$A_{j+1}{}^{(n)} + A_{j-1}{}^{(n)} \propto A_j{}^{(n)}$$

になっていればよいわけである．それには，正弦関数が

$$\sin(j+1)\eta + \sin(j-1)\eta = 2\cos\eta \sin j\eta$$

という性質をもつことを利用すれば，$A_j{}^{(n)} \propto \sin j\eta_n$ ととればよさそうであるから，規格化の定数を C_n として，$A_j{}^{(n)} = C_n \sin j\eta_n$ ととってみよう．そうすると

$$\xi_j(t) = (C_n \sin j\eta_n) Q_n(t)$$

となるから，(5.30)式に入れると

$$\ddot{Q}_n = -\frac{2k}{m}(1-\cos\eta_n) Q_n$$

となり，ω_n を

$$\omega_n = \sqrt{\frac{2k}{m}(1-\cos\eta_n)} = 2\sqrt{\frac{k}{m}} \sin\frac{\eta_n}{2}$$

ととればよいこともわかる．

それでは η_n はどうきめればよいのであろうか．いまこの鎖は両端が固定されているとし，それを

$$\xi_0 = \xi_N = 0 \qquad (5.31)$$

で表わすとしよう．$j=0$ で $\sin j\eta_n=0$ であるから $\xi_0=0$ は満たされているが，

$$N\eta_n = \pi \text{ の整数倍}$$

であれば $\xi_N=0$ も満たされる．この整数と番号の n とを一致させておくと便利である．

$$\eta_n = \frac{n\pi}{N} \qquad (n=1, 2, \cdots)$$

いま，$n=N+\nu$ とすると，j も正整数なので

$$\sin j\eta_{N+\nu} = \sin j\frac{(N+\nu)\pi}{N} = \sin\left(j\frac{\nu\pi}{N}+j\pi\right) = (-1)^j \sin j\eta_\nu$$

となるから，n を N 以上に大きくとっても意味がない．また $n=N$ も $\sin j\eta_N \equiv 0$ としてしまうから使えない(図 5-10 のいちばん下を参照)．結局 n として採用できるのは

$$n = 1, 2, \cdots, N-1$$

の $N-1$ 個である．$\xi_0=\xi_N=0$ としたので，この系は $\xi_1, \xi_2, \cdots, \xi_{N-1}$ で記述され，自由度は $N-1$ である．したがって，基準座標も $Q_1, Q_2, \cdots, Q_{N-1}$ の $N-1$ 個になるはずであるから，上のようになるとちょうどよい．

このようにして，

$$A_j{}^{(n)} = C_n \sin\left(\frac{n\pi}{N}j\right) \qquad (n=1, 2, \cdots, N-1)$$

が得られた．

$$\sum_{j=1}^{N-1} \sin\left(\frac{n\pi}{N}j\right) \sin\left(\frac{n'\pi}{N}j\right) = \frac{N}{2}\delta_{nn'}$$

を使えば，直交性 ($n \neq n'$ のとき) も示されるし，規格化の定数 C_n を

$$C_n = \sqrt{\frac{2}{N}}$$

ととればよいこともわかる．結局

$$A_j{}^{(n)} = \sqrt{\frac{2}{N}} \sin\left(\frac{n\pi}{N}j\right) \qquad (n=1, 2, \cdots, N-1) \qquad (5.32)$$

が得られる．

そうすると，n 番目の基準振動だけがおこっているときの各おもりの変位は

$$\xi_j(t) = \sqrt{\frac{2}{N}}\sin\left(\frac{n\pi}{N}j\right)Q_n(t) \tag{5.33}$$

で与えられる．ただし，$Q_n(t)=a_n\cos(\omega_n t+\alpha_n)$ で，その角振動数は

$$\omega_n = 2\sqrt{\frac{k}{m}}\sin\frac{n\pi}{2N} \tag{5.34}$$

で与えられる．これは両端を節とする「定常波」の形になっており，$N-1=6$ の場合について，「横波」になおして描いた「波形」(5.32)を示せば図 5-10 のようになる．

$$\sin\left(\frac{n\pi}{N}j\right) = \sin\left(\frac{n\pi}{Nl}jl\right)$$

と書きなおし，jl は鎖の左端から測ったおもり j までの距離(x_j とする)であることを考えると，波長を λ_n として

$$\sin\left(\frac{n\pi}{Nl}x_i\right) = \sin\frac{2\pi}{\lambda_n}x_i$$

とおけるから，

$$\lambda_n = \frac{2Nl}{n} \qquad (Nl\text{: 鎖の全長})$$

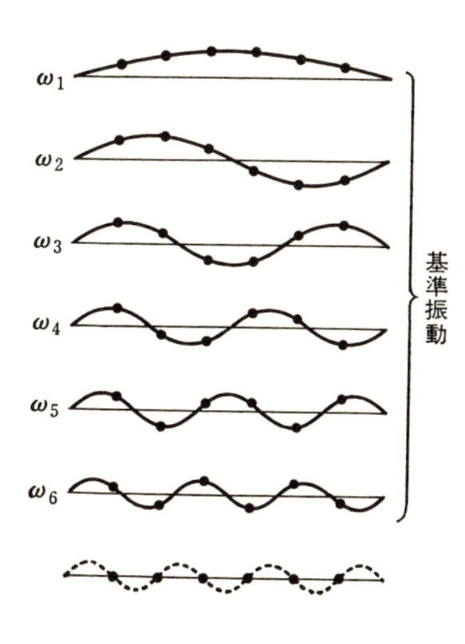

図 5-10 右への変位を上への変位に，左への変位を下への変位になおせば，縦波は横波にほん訳され，見やすくなる．

となる．図5-10はそのようになっている．

固体の結晶は原子が規則正しく周期的に並んで結合している巨大分子(原子数 $\sim 10^{23}$)である．そのような原子の並び方を**結晶格子**(こうし)という．格子内の原子の運動は一種の連成振動であり，この章で扱ってきたやり方で処理することができる．ここに示したのは，同じ原子ばかりでできた1次元の結晶の模型であるが，3次元でも格子振動はやはり波の形になるので，その最も簡単な例として1次元の場合を紹介した．

5-7 連続体の振動

弾性論や流体力学では物質の原子構造を考えず，これを連続体として扱う．それによっていろいろな運動が論ぜられるわけであるが，そのなかの弾性波——流体内を伝わる音波もその1種である——は，前節で扱った格子振動と密接な関係がある．波長が原子間隔にくらべてずっと大きい波に対しては，格子を連続体とみなすのはよい近似である．

そこで，前節の鎖で原子間隔 l を限りなく小さくした極限を考えてみることにしよう．それによって，問題を棒の縦振動にもって行こうというのである．ただし，単位長さあたりの質量(線密度)

$$\rho = \frac{m}{l}$$

は一定に保つように，m も l に比例して小さくする．そのために，ラグランジュ関数(5.29)を

$$L = \frac{1}{2}\sum_j l\left\{\frac{m}{l}\dot{\xi}_j{}^2 - kl\left(\frac{\xi_{j+1}-\xi_j}{l}\right)^2\right\} \tag{5.35}$$

と書きなおしておく．そうすれば，m/l を ρ と書きかえることができる．また，鎖の方向に x 軸をとると

$$\lim_{l\to 0}\frac{\xi_{j+1}-\xi_j}{l} = \frac{\partial \xi}{\partial x}$$

としてよいことも明らかであろう．j 番目のおもりの変位は

$$\xi_j(t) \to \xi(x,t)$$

のように，平衡状態でxという位置にあった棒の断面の変位を表わす量に転化する．注意すべきことは，xはjの代りに登場した量で，いわば棒の各点につけた目じるしにすぎず，一般化座標ではないという点である．一般化座標として時間とともに変化するのはξであり，「どのおもりの変位」という代りに「棒のどこの変位」であるのかを指定するのがxである．したがって，間違っても$x(t)$などと考えてもらっては困るのである．

ではklはどう書いたらよいのだろうか．長さがL_0の棒をxだけ伸ばすのに力Fが必要だとすると，フックの法則では

$$F = e\frac{x}{L_0}$$

と表わされる．eは棒のヤング率に断面積をかけた量である．そうすると，棒の長さをL_0から$L_0+\Delta L$に伸ばすのに要する仕事は

$$\int_0^{\Delta L} F dx = \frac{e}{2L_0}(\Delta L)^2 = \frac{eL_0}{2}\left(\frac{\Delta L}{L_0}\right)^2$$

となるから，棒の単位長さあたりに蓄えられる弾性エネルギーは，これをL_0で割った

$$\frac{e}{2}\times(\text{伸縮の割合い})^2$$

で表わされることがわかる．これと鎖をつなぐバネのポテンシャル・エネルギーとを比較すれば，$kl=e$としてよいことが知られる．

以上により，(5.35)は一応

$$L = \frac{1}{2}\sum_j l\left\{\rho\left(\frac{\partial\xi}{\partial t}\right)_j^2 - e\left(\frac{\partial\xi}{\partial x}\right)_j^2\right\}$$

と書きなおされる．そして，$l\to 0$とした場合として正しく書けば，和は積分となって($l\to dx$)，

$$L = \frac{1}{2}\int\left\{\rho\left(\frac{\partial\xi}{\partial t}\right)^2 - e\left(\frac{\partial\xi}{\partial x}\right)^2\right\}dx \tag{5.36}$$

という式になる．ここに現われた

$$\mathscr{L} = \frac{1}{2}\left\{\rho\left(\frac{\partial\xi}{\partial t}\right)^2 - e\left(\frac{\partial\xi}{\partial x}\right)^2\right\} \tag{5.37}$$

は単位長さあたりのラグランジュ関数とみなすことのできる量で，**ラグランジアン密度**と呼ばれる．

ラグランジュの運動方程式を(5.35)からつくると

$$\frac{m}{l}\ddot{\xi}_j = kl\frac{1}{l}\left(\frac{\xi_{j+1}-\xi_j}{l} - \frac{\xi_j-\xi_{j-1}}{l}\right)$$

となるが，右辺の (…) 内は l だけ離れたところの $\partial\xi/\partial x$ の差と考えられるから

$$\lim_{l\to 0}\frac{1}{l}\left(\frac{\xi_{j+1}-\xi_j}{l} - \frac{\xi_j-\xi_{j-1}}{l}\right) = \frac{\partial}{\partial x}\frac{\partial\xi}{\partial x} = \frac{\partial^2\xi}{\partial x^2}$$

となることがわかる．したがって，運動方程式の極限は

$$\rho\frac{\partial^2\xi}{\partial t^2} = e\frac{\partial^2\xi}{\partial x^2} \tag{5.38}$$

と表わされることになる．

よく知られているように，(5.38)は1次元の**波動方程式**であって，

$$c = \sqrt{\frac{e}{\rho}} \tag{5.39}$$

を速さとする波の形の解をもつ．最も一般的な解は，f と g を任意の微分可能，1価連続な関数として

$$\xi(x,t) = f(x-ct)+g(x+ct) \tag{5.40}$$

という式で表わされる．これは $t=0$ に $f(x), g(x)$ によって表わされる関数形が，t の経過とともに $+c$ および $-c$ という速度で x 方向に動くものの重ね合わせになっている．とくに**正弦波**では

$$\xi(x,t) = A\sin\{k_1(x-ct)+\alpha\} + B\sin\{k_2(x+ct)+\beta\}$$

となるが，$B=A$, $k_2=k_1=k$, $ck=\omega$ とすると

$$\begin{aligned}\xi(x,t) &= A[\sin(kx-\omega t+\alpha)+\sin(kx+\omega t+\beta)] \\ &= 2A\sin\left(kx+\frac{\alpha+\beta}{2}\right)\cos\left(\omega t+\frac{\beta-\alpha}{2}\right)\end{aligned}$$

という形の，どちらにも進行しない**定立波**(定常波ということもある)ができる．

棒の両端 $x=0, L_0$ で $\xi=0$ となるには $\alpha+\beta=0$, $kL_0=n\pi\ (n=1,2,3,\cdots)$ とすればよい．そうすると

$$\xi_n(x,t) = 2A\sin\left(\frac{n\pi}{L_0}x\right)\cos(\omega_n t+\beta_n) \tag{5.41}$$

ただし

$$\omega_n = \frac{n\pi}{L_0}\sqrt{\frac{e}{\rho}} \tag{5.42}$$

となることがわかる．これらを，鎖の場合の(5.33), (5.34)と比較すると

$$x = jl, \qquad L_0 = Nl$$

として(5.33)と(5.41)は完全に対応しており，(5.34)の正弦関数を角が小さいとして展開の第1項で近似し

$$2\sqrt{\frac{k}{m}}\sin\frac{n\pi}{2N} \doteqdot 2\sqrt{\frac{k}{m}}\frac{n\pi}{2N}$$
$$= \sqrt{\frac{kl}{m/l}}\frac{n\pi}{Nl}$$

とすれば(5.42)に帰着することがわかる．この近似が許されるのは n が小さいときであり，それは図5-10からもわかるように，波長の長いときである．鎖のときには波の速さは

$$c_n = \frac{\lambda_n\omega_n}{2\pi} = \sqrt{\frac{kl}{m/l}}\frac{2N}{n\pi}\sin\frac{n\pi}{2N}$$

となるので，n が小さければ

$$c_n \to \sqrt{\frac{kl}{m/l}} = \sqrt{\frac{e}{\rho}}$$

となるが，n の大きい細かい波ではこれより小さくなっている．波長によって波の速さが違ってくる現象——光がプリズムで色光に分かれるのもこれによる——を**分散**というが，連続体にするとそれが考慮されなくなってしまうのである．

この節の方法は，2次元や3次元の場合にも拡張できるし，ハミルトン形式に書きなおしたり，変分原理の形で表現することも可能である．

第5章演習問題

［1］　天井からバネで質量mのおもり1をつるし，さらにその下に同じ長さで同じ強さのバネをつけて，質量mのもう1つのおもり2をつるす．この系の上下方向の運動を調べよ．

［2］　(5.18b)をラグランジュ関数(5.11)に代入することによって，それが独立な調和振動子のラグランジアンの和に変形されることを示せ．

［3］　5-5節で出てきたCO_2分子の，分子軸方向の運動を調べ，2つの基準振動があることを示せ．

さらに勉強するために

本書は物理入門コース第1巻『力学』の続編のようなものであるから，ここで述べることの大部分は『力学』の229〜230ページに記されていることの繰り返しである．

解析力学だけを解説した比較的やさしい本としては

原島鮮：『力学II——解析力学』，裳華房(1973)

がある．ラグランジュに従い仮想仕事の原理から話が始まっている．懇切な説明の教科書を数多く書かれた著者の本らしく，ていねいに説かれている．本書を書くときにもいろいろ参考にさせて頂いた．もっと簡潔で，内容としては進んだことがらまで含む名著は

山内恭彦：『一般力学』，岩波書店(1959)

である．後半が解析力学にあてられている．入門的な本で一応のことを学んだ上で，この「古典的」ともいうべき名著で知識を整理し，磨きをかけるとよいであろう．

米国の大学院生むきの講義をもとにした

H. Goldstein : *Classical Mechanics,* Addison-Wesley(1950)（野間進・瀬川富士訳：『古典力学』(物理学叢書11)，吉岡書店(1959)）

は，現在入手しやすい古典力学の標準的な本といえよう．もっと歴史的な「古

典的名著」として有名なのは

E. T. Whittaker : *A Treatise on the Analytical Dynamics of Particles and Rigid Bodies*, Cambridge University Press(1904)

である．邦訳(多田政忠・藪下信訳：『解析力学』(上・下)，講談社(1977, 79))も出ているが，これは難解をもって知られる大著であるから，とくに古典力学を専門的にやろうという人でもなければ，簡単には取りつけないであろう．

本書119ページに挙げたSommerfeldの本も，邦訳

ゾンマーフェルト：『原子構造とスペクトル線』(上・下)(増田秀行訳)，講談社(1973)

が出ているから，役に立つかどうかを別にして，科学史的な興味をもって読んでみるのも面白いであろう．

現代物理学につながる諸問題を勉強するのには

伏見康治：『現代物理学を学ぶための古典力学』，岩波書店(1964)

が役に立つ．具体的な問題についてくわしく調べたければ，巻末の文献が参考になる．

古典力学を数学的にとらえ直し体系化したらどのようになるか，を教えてくれる高度に数学的な本として，ソ連の著者V. I. Arnoldによる

アーノルド：『古典力学の数学的方法』(安藤韶一ほか訳)，岩波書店(1980)

がある．これは力学の問題を解くためというより，数学としての興味で読むべき本である．古典力学といってもけっして過去の学問というわけではなく，つねに新しい問題を提出し続けていることが，巻末のくわしい文献からもわかる．

問題略解

第 1 章

問題 1　$M=m_{\mathrm{A}}+m_{\mathrm{B}}$ として

$$x_{\mathrm{A}} = X-\frac{m_{\mathrm{B}}}{M}R\sin\theta\cos\phi, \qquad x_{\mathrm{B}} = X+\frac{m_{\mathrm{A}}}{M}R\sin\theta\cos\phi$$

$$y_{\mathrm{A}} = Y-\frac{m_{\mathrm{B}}}{M}R\sin\theta\sin\phi, \qquad y_{\mathrm{B}} = Y+\frac{m_{\mathrm{A}}}{M}R\sin\theta\sin\phi$$

$$z_{\mathrm{A}} = Z-\frac{m_{\mathrm{B}}}{M}R\cos\theta, \qquad z_{\mathrm{B}} = Z+\frac{m_{\mathrm{A}}}{M}R\cos\theta$$

問題 2　$x=r\cos\theta$, $y=r\sin\theta$ であるから

$$\frac{\partial x}{\partial r} = \cos\theta, \qquad \frac{\partial x}{\partial \theta} = -r\sin\theta$$

$$\frac{\partial y}{\partial r} = \sin\theta, \qquad \frac{\partial y}{\partial \theta} = r\cos\theta$$

また

$$\dot{x} = \dot{r}\cos\theta-r\dot{\theta}\sin\theta, \qquad \dot{y} = \dot{r}\sin\theta+r\dot{\theta}\cos\theta$$

であるから

$$\frac{\partial \dot{x}}{\partial \dot{r}} = \cos\theta, \qquad \frac{\partial \dot{x}}{\partial \dot{\theta}} = -r\sin\theta$$

$$\frac{\partial \dot{y}}{\partial \dot{r}} = \sin\theta, \qquad \frac{\partial \dot{y}}{\partial \dot{\theta}} = r\cos\theta$$

問題 3 p_r: 運動量の動径方向の成分

p_θ: 動径と z 軸の両方を含む平面に垂直な直線方向の角運動量成分

p_ϕ: 角運動量の z 成分

[演習問題]

[1] 三角形 PP_1P_2 の面積は，ヘロンの公式を使うと

$$A=\frac{1}{4}\sqrt{(\xi^2-l^2)(l^2-\eta^2)}$$

と表わされる．これを $ly/2$ に等しいとおけば

$$y=\frac{1}{2l}\sqrt{(\xi^2-l^2)(l^2-\eta^2)}$$

はすぐに求まる．$\angle PP_2P_1=\theta$ とすると $x=r_2\cos\theta-(l/2)$ であるが，余弦定理

$${r_2}^2+l^2-2r_2l\cos\theta={r_1}^2$$

を援用して計算すると

$$x=-\frac{\xi\eta}{2l}$$

が容易に導かれる．これらを用いると

$$\begin{cases} dx=\dfrac{-\eta}{2l}d\xi+\dfrac{-\xi}{2l}d\eta \\[2ex] dy=\dfrac{\xi}{2l}\sqrt{\dfrac{l^2-\eta^2}{\xi^2-l^2}}d\xi+\dfrac{-\eta}{2l}\sqrt{\dfrac{\xi^2-l^2}{l^2-\eta^2}}d\eta \end{cases}$$

が得られる．これから，η を固定して ξ を $d\xi$ だけ変えたときの変位 $d\boldsymbol{r}_\xi$ の x, y 成分は

$$(d\boldsymbol{r}_\xi)_x=-\frac{\eta}{2l}d\xi, \qquad (d\boldsymbol{r}_\xi)_y=\frac{\xi}{2l}\sqrt{\frac{l^2-\eta^2}{\xi^2-l^2}}d\xi$$

ξ を固定して η を $d\eta$ だけ変えたときの変位 $d\boldsymbol{r}_\eta$ の成分は

$$(d\boldsymbol{r}_\eta)_x=-\frac{\xi}{2l}d\eta, \qquad (d\boldsymbol{r}_\eta)_y=\frac{-\eta}{2l}\sqrt{\frac{\xi^2-l^2}{l^2-\eta^2}}d\eta$$

となることがわかる．そうすると

$$d\boldsymbol{r}_\xi\cdot d\boldsymbol{r}_\eta=(d\boldsymbol{r}_\xi)_x(d\boldsymbol{r}_\eta)_x+(d\boldsymbol{r}_\xi)_y(d\boldsymbol{r}_\eta)_y=0$$

であるから，この 2 変位は直交していることがわかる．したがって，この曲線座標（$\xi=$ 一定 は楕円群，$\eta=$一定 は双曲線群）は直交曲線座標である．

上の式から，$|d\boldsymbol{r}_\xi|$ と $|d\boldsymbol{r}_\eta|$ を求めると

$$|d\boldsymbol{r}_\xi|=\frac{1}{2}\sqrt{\frac{\xi^2-\eta^2}{\xi^2-l^2}}d\xi, \qquad |d\boldsymbol{r}_\eta|=\frac{1}{2}\sqrt{\frac{\xi^2-\eta^2}{l^2-\eta^2}}d\eta$$

となることがわかるから，面積要素はこれらの積として

$$dS = \frac{1}{4}\frac{\xi^2-\eta^2}{\sqrt{(\xi^2-l^2)(l^2-\eta^2)}}d\xi d\eta$$

［2］ (a) ラグランジアン

$$L = \frac{m}{2}(\dot{r}^2+r^2\dot{\theta}^2)-U(r)$$

において，

$$\frac{d}{dt}\left(\frac{\partial L}{\partial \dot{\theta}}\right) = 0 \qquad \therefore \quad r^2\dot{\theta} = h \text{（一定）}$$

を用いると $\dot{\theta}=h/r^2$ が導かれる．もう 1 つの方程式

$$\frac{d}{dt}\left(\frac{\partial L}{\partial \dot{r}}\right) = \frac{\partial L}{\partial r} = -\frac{\partial U(r)}{\partial r}+mr\dot{\theta}^2$$

にこれを代入すると

$$m\ddot{r} = -\frac{\partial U(r)}{\partial r}+m\frac{h^2}{r^3}$$

この右辺を

$$m\ddot{r} = -\frac{\partial}{\partial r}\left\{U(r)+\frac{mh^2}{2r^2}\right\} = -\frac{\partial}{\partial r}U_{\text{eff}}(r)$$

としたとき

$$U_{\text{eff}} = U(r)+\frac{mh^2}{2r^2}$$

を有効ポテンシャルという．第 2 項は見かけの力である「遠心力」の「ポテンシャル」である．

(b) 有効ポテンシャルが極小値をもつと，r はその付近で振動的に変化することになる．その振幅が 0 ($\dot{r}=0$) のときが円運動である．$r=r_0$ で極小になるとすると，r_0 は

$$U'(r_0) = \frac{mh^2}{{r_0}^3}$$

からきまる．

(c) $U(r)=\dfrac{1}{2}kr^2$ を入れると

$$U_{\text{eff}}(r) = \frac{1}{2}kr^2+\frac{mh^2}{2r^2}$$

したがって r_0 は

$$kr_0 = \frac{mh^2}{{r_0}^3}$$

より，$r_0{}^4=mh^2/k$ を満たすことがわかる．しかし

$$h=r_0{}^2\omega$$

を利用すると，$\omega=\sqrt{k/m}$ がすぐ求められるから

$$\text{周期}=\frac{2\pi}{\omega}=2\pi\sqrt{\frac{m}{k}}$$

［3］ (a) 前問のように考えれば，円の半径は

$$3Kr_0{}^2=\frac{mh^2}{r_0{}^3}$$

を満たす．これから

$$p_\theta=mh=mr_0v_\theta=r_0{}^2\sqrt{3mKr_0}$$

運動エネルギーは

$$\frac{m}{2}v_\theta{}^2=\frac{3}{2}Kr_0{}^3$$

ポテンシャル・エネルギーは $Kr_0{}^3$ であるから

$$T+U=\frac{5}{2}Kr_0{}^3$$

(b) 角速度は

$$\omega=\frac{v_\theta}{r_0}=\sqrt{\frac{3Kr_0}{m}}$$

となるから

$$\text{周期}=\frac{2\pi}{\omega}=2\pi\sqrt{\frac{m}{3Kr_0}}$$

(c) $r=r_0+\rho$ で ρ が小さいとすると，r 方向の撃力で h は不変なので

$$m\ddot{r}=-3Kr^2+\frac{mh^2}{r^3}$$

に代入して ρ の高次を省略することによって

$$\begin{aligned}m\ddot{\rho}&=-3Kr_0{}^2\left(1+\frac{2\rho}{r_0}\right)+\frac{mh^2}{r_0{}^3}\left(1-\frac{3\rho}{r_0}\right)\\&=-3Kr_0{}^2\left(\frac{2\rho}{r_0}+\frac{3\rho}{r_0}\right)\\&=-15Kr_0\rho\end{aligned}$$

ゆえに $\rho(t)$ は

$$\ddot{\rho}=-\frac{15Kr_0}{m}\rho$$

を満たす．つまり角振動数 $\sqrt{15Kr_0/m}$ の単振動を行なうことがわかる．

$$周期 = 2\pi\sqrt{\frac{m}{15Kr_0}} \qquad \left((\mathrm{b})の結果の\frac{1}{\sqrt{5}}\right)$$

第 2 章

問題 1　バネ振り子の運動方程式(23 ページ)で，バネの張力 $-k(r-l)$ を糸の張力 $-S$ で置きかえると

$$\begin{cases} m\ddot{r} = -S+mg\cos\theta+mr\dot{\theta}^2 \\ m\dfrac{d}{dt}(r^2\dot{\theta}) = -mgr\sin\theta \end{cases}$$

となるが，ここでさらに $r=l$ とすると，$\ddot{r}=0$ となるから

$$S = mg\cos\theta+ml\dot{\theta}^2 \tag{i}$$

$$l\ddot{\theta} = -g\sin\theta \tag{ii}$$

が得られる．第 2 の式に $\dot{\theta}$ をかけ，$d(\dot{\theta}^2)/dt=2\dot{\theta}\ddot{\theta}$ であることを利用すると

$$\frac{d}{dt}\left(\frac{1}{2}l\dot{\theta}^2\right) = -g\sin\theta\frac{d\theta}{dt}$$

となるから，両辺を t で積分すると

$$\frac{1}{2}l\dot{\theta}^2 = -g\int\sin\theta\,d\theta = g\cos\theta+定数$$

が得られる．$\theta=0$ のときのおもりの速さを $l\omega$ とすると，定数は $\frac{1}{2}l\omega^2-g$ となるから

$$l\dot{\theta}^2 = l\omega^2-2g(1-\cos\theta) \tag{iii}$$

これを(i)に入れれば

$$S = ml\omega^2-2mg+3mg\cos\theta$$

となる．S の最大値は $\theta=0$ のときの

$$S_{\mathrm{m}} = mg+ml\omega^2$$

である．ω が大きいと $(l\omega^2>4g)$ (iii)はつねに正で，おもりは円を描いて回るはずであるが，$l\omega^2<5g$ であると円の頂点 $(\cos\theta=-1)$ では $S<0$ となってしまうので，途中の $\cos\theta=(2g-l\omega^2)/3g$ のところで糸はたるんでしまうことになる．したがって $l\omega^2>5g$ のとき円振り子となる．なお，(ii)から(iii)を導く手続きは，エネルギー積分を求める常套手段であり，(iii)の $ml/2$ 倍はエネルギー保存則にほかならない．

問題 2　支点 O′ といっしょに動く運動座標系で考えることにし，慣性力をつけ加える．つまり

$$y = y' + F(t) \qquad (y' = l \sin\theta)$$

として

$$m\ddot{y} = m\ddot{y}' + mF''(t)$$

であるから，張力を S として

$$m\ddot{y}' = -S\sin\theta - mF''(t) \tag{i}$$

これと

$$m\ddot{x} = -S\cos\theta + mg \tag{ii}$$

を組み合わせて解く．

θ が小さいときには，$\ddot{x}=0$, $\cos\theta=1$ として (ii) より $S=mg$. これを (i) に入れ，$y'=l\theta$, $\sin\theta=\theta$ と近似する．

問題 3

$$T = \frac{m}{2}(\dot{r}^2 + r^2\omega^2\sin^2\alpha)$$

$$U = mgr\cos\alpha$$

であるから

$$L = \frac{m}{2}(\dot{r}^2 + r^2\omega^2\sin^2\alpha) - mgr\cos\alpha$$

となり，運動方程式は

$$m\ddot{r} = mr\omega^2\sin^2\alpha - mg\cos\alpha$$

で与えられる．これは

$$\ddot{r} = \omega^2\sin^2\alpha\left(r - \frac{g\cos\alpha}{\omega^2\sin^2\alpha}\right)$$

と書けるから

$$\rho = r - \frac{g\cos\alpha}{\omega^2\sin^2\alpha}, \qquad \beta = \omega\sin\alpha$$

とおくと

$$\ddot{\rho} = \beta^2\rho$$

となり，一般解として

$$\rho(t) = Ae^{\beta t} + Be^{-\beta t}$$

が得られる．

$$\dot{\rho}(t) = \beta(Ae^{\beta t} - Be^{-\beta t})$$

$t=0$ で $\dot{\rho}(0)=0$ であっても $(A=B)$，$\rho(0)\neq 0$ ならば $Ae^{\beta t}$ の項によって $|\rho(t)|$ は t とともに急増することになる．ゆえに $\rho(0)=\dot{\rho}(0)=0$ による $r=g\cos\alpha/\omega^2\sin^2\alpha$ という解は不安定なつり合いである．

問題 4　$\frac{1}{2}m(\dot{x}^2+\dot{y}^2+\dot{z}^2)+e\Phi=E$ となる．磁場は仕事をしないから，この式中には現われてこない．なお，(1.50)式はこの場合には成り立たない．

問題 5

$$D=\frac{1}{2}k(\dot{x}^2+\dot{y}^2)=\frac{1}{2}k(\dot{r}^2+r^2\dot{\theta}^2)$$

であるから

$$Q_r=-\frac{\partial D}{\partial \dot{r}}=-k\dot{r}, \qquad Q_\theta=-\frac{\partial D}{\partial \dot{\theta}}=-kr^2\dot{\theta}$$

したがって，$L=T-U(r)$ として

$$\frac{d}{dt}\left(\frac{\partial L}{\partial \dot{\theta}}\right)-\frac{\partial L}{\partial \theta}+\frac{\partial D}{\partial \dot{\theta}}=0$$

から

$$\frac{d}{dt}(mr^2\dot{\theta})=-kr^2\dot{\theta}$$

が得られる．面積速度は $h=\frac{1}{2}r^2\dot{\theta}$ で与えられるから，この式は

$$\frac{d}{dt}h=-\frac{k}{m}h \qquad \therefore \quad h=h_0e^{-(k/m)t}$$

問題 6　円錐の底面は半径 $l/2$ の円であるが，底面の縁が水平面上に描くのは半径 l の円である．したがって，ϕ が 2π だけ増すときに，円錐は ζ 軸のまわりで 2 回転する．向きまで考えてやると，$\dot{\psi}=-2\dot{\phi}=-2\Omega$ である．$\theta=\pi/3$ は一定で $\dot{\theta}=0$ であるから，(2.22)は

$$\begin{cases} \omega_x=-2\Omega\times\dfrac{\sqrt{3}}{2}\cos\phi=-\sqrt{3}\,\Omega\cos\Omega t \\ \omega_y=-2\Omega\times\dfrac{\sqrt{3}}{2}\sin\phi=-\sqrt{3}\,\Omega\sin\Omega t \\ \omega_z=\Omega-2\Omega\times\dfrac{1}{2}=0 \end{cases}$$

となる．ただし $\phi=0$ のときを $t=0$ とした．速度は

$$\boldsymbol{V}=\boldsymbol{\omega}\times\boldsymbol{r}$$

で与えられるから，P 点の $\boldsymbol{r}$

$$\begin{cases} x = \dfrac{l}{2}\cos\phi = \dfrac{l}{2}\cos\Omega t \\ y = \dfrac{l}{2}\sin\phi = \dfrac{l}{2}\sin\Omega t \\ z = \dfrac{\sqrt{3}}{2}l \end{cases}$$

を代入すると

$$V_x = -\frac{3}{2}l\Omega\sin\Omega t, \qquad V_y = \frac{3}{2}l\Omega\cos\Omega t, \qquad V_z = 0$$

がわかる．大きさ $3l\Omega/2$ で水平，円の接線の方向をもつ．(上記の x, y, z を t で微分しても V_x, V_y, V_z にはならない理由を考えよ．同じ理由で，V_x, V_y, V_z を微分しても加速度は得られない.)

[演習問題]

［1］ 2本の剛体棒の鉛直からの傾角を θ_1, θ_2 とする．弾性棒のまわりの，これら剛体棒の慣性モーメントを I_1, I_2 とすると

$$I_1 = \frac{1}{3}M_1 l_1^2, \qquad I_2 = \frac{1}{3}M_2 l_2^2$$

である．そうすると，運動エネルギーは

$$T = \frac{1}{2}(I_1\dot{\theta}_1^2 + I_2\dot{\theta}_2^2) = \frac{1}{6}(M_1 l_1^2\dot{\theta}_1^2 + M_2 l_2^2\dot{\theta}_2^2)$$

となる．また，ポテンシャル・エネルギーは

$$U = M_1 g\frac{l_1}{2}(1-\cos\theta_1) + M_2 g\frac{l_2}{2}(1-\cos\theta_2) + \frac{K}{2}(\theta_1-\theta_2)^2$$

となる．K は捩れの弾性定数で a に反比例する．したがって，ラグランジュ関数は

$$\begin{aligned} L = &\frac{1}{6}(M_1 l_1^2\dot{\theta}_1^2 + M_2 l_2^2\dot{\theta}_2^2) \\ &-\frac{g}{2}[M_1 l_1(1-\cos\theta_1) + M_2 l_2(1-\cos\theta_2)] - \frac{K}{2}(\theta_1-\theta_2)^2 \end{aligned}$$

のように表わされる．θ_1, θ_2 が十分小さいとして，高次の項を省略すれば，$1-\cos\theta_i \fallingdotseq \dfrac{1}{2}\theta_i^2$ となるから

$$L = \frac{1}{6}(M_1 l_1^2\dot{\theta}_1^2 + M_2 l_2^2\dot{\theta}_2^2) - \frac{g}{4}(M_1 l_1\theta_1^2 + M_2 l_2\theta_2^2) - \frac{K}{2}(\theta_1-\theta_2)^2$$

としてよい．これから，ラグランジュの方程式として

$$\begin{cases} \dfrac{1}{3}M_1l_1{}^2\ddot{\theta}_1 = -\dfrac{g}{2}M_1l_1\theta_1 - K(\theta_1-\theta_2) \\ \dfrac{1}{3}M_2l_2{}^2\ddot{\theta}_2 = -\dfrac{g}{2}M_2l_2\theta_2 - K(\theta_2-\theta_1) \end{cases}$$

が求められる．これは一種の連成振動である．その解き方については第5章を参照．

［2］ 円筒の軸のまわりの慣性モーメントを I とすると

$$I = \frac{1}{2}Ma^2 \qquad (M\text{ は円筒の質量})$$

である．

(a) 図のように角 θ を定めると，つり合い状態で最下点 A に接していた点を P，運動中の接点を Q として，

$$\widehat{\mathrm{PQ}} = \widehat{\mathrm{AQ}} \quad \text{より} \quad a\phi = R\theta$$

$$\therefore \quad \phi = \frac{R}{a}\theta$$

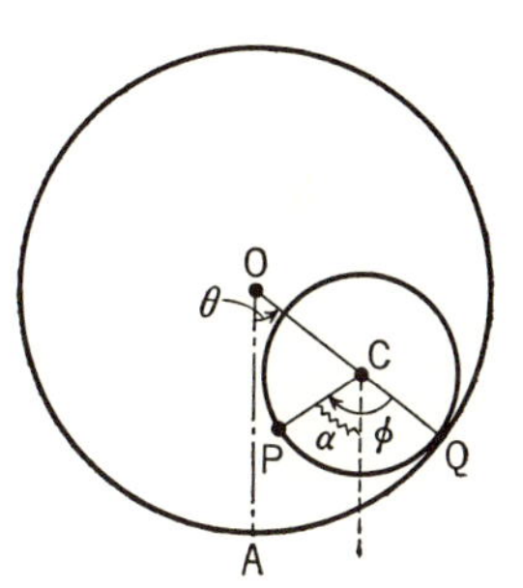

となる．CP の回転角は

$$\alpha = \phi - \theta = \frac{R-a}{a}\theta$$

で与えられる．

円筒の運動エネルギーは，重心運動のそれと，重心のまわりの回転のそれとの和で与えられるから，

$$\begin{aligned} T &= \frac{1}{2}M(R-a)^2\dot{\theta}^2 + \frac{1}{2}I\dot{\alpha}^2 \\ &= \frac{1}{2}M(R-a)^2\dot{\theta}^2 + \frac{1}{4}Ma^2\left(\frac{R-a}{a}\right)^2\dot{\theta}^2 \\ &= \frac{3}{4}M(R-a)^2\dot{\theta}^2 \end{aligned}$$

また，重力に対するポテンシャル・エネルギーは

$$U(\theta) = (R-a)Mg(1-\cos\theta) \qquad (U(0)=0)$$

したがって，ラグランジアンは

$$L = \frac{3}{4}M(R-a)^2\dot{\theta}^2 - Mg(R-a)(1-\cos\theta)$$

となる．

(b)
$$\frac{3}{2}M(R-a)^2\ddot{\theta} = -Mg(R-a)\sin\theta$$

簡単化して

$$\ddot{\theta} = -\frac{2g}{3(R-a)}\sin\theta$$

(c) $\sin\theta=\theta$ とする近似で

$$周期 = 2\pi\sqrt{\frac{3(R-a)}{2g}}$$

［3］ おもりの位置を水平に x 軸，鉛直に y 軸をとったデカルト座標で表わすと

$$x = l\sin\theta, \qquad y = a\cos\omega t + l\cos\theta$$

となるから

$$\dot{x} = l\dot{\theta}\cos\theta, \qquad \dot{y} = -a\omega\sin\omega t - l\dot{\theta}\sin\theta$$

したがって

$$T = \frac{1}{2}m(l^2\dot{\theta}^2 + 2al\omega\dot{\theta}\sin\theta\sin\omega t + a^2\omega^2\sin^2\omega t)$$

また

$$U = mgy = mg(a\cos\omega t + l\cos\theta)$$

であるから，

$$L = \frac{1}{2}m(l^2\dot{\theta}^2 + 2al\omega\dot{\theta}\sin\theta\sin\omega t + a^2\omega^2\sin^2\omega t)$$
$$-mg(a\cos\omega t + l\cos\theta)$$

これから

$$\frac{d}{dt}\left(\frac{\partial L}{\partial\dot{\theta}}\right) = \frac{\partial L}{\partial\theta}$$

をつくって整理すると

$$l\ddot{\theta} = (g - a\omega^2\cos\omega t)\sin\theta$$

第 3 章

[演習問題]

［1］ ラグランジュ関数は

$$L = \frac{1}{2}m\dot{x}^2 - mgx$$

であるから，与えられた $x=C(t-t_1)(t-t_2)$ と，これを微分して得られる

$$\dot{x} = 2Ct - C(t_1+t_2)$$

を代入すると

$$L=\frac{m}{2}C^2\{4t^2-4(t_1+t_2)t+(t_1+t_2)^2\}-mgC(t-t_1)(t-t_2)$$

となる．これを積分すると

$$S=\int_{t_1}^{t_2}Ldt=\frac{m}{6}(t_2-t_1)^3(C^2+gC)$$

C はこれを最小にするような値をとらねばならない．

$$\frac{dS}{dC}=0 \quad \text{より} \qquad C=-\frac{g}{2}$$

［2］ $\theta(t)=A\sin\omega t$ を代入すれば

$$S=\int_0^{2\pi/\omega}L(\theta,\dot{\theta})dt=\frac{2\pi}{\omega}\frac{ml^2}{4}\left\{A^2\left(\omega^2-\frac{g}{l}\right)+\frac{g}{16l}A^4\right\}$$

が得られる．これを最小にするような A は

$$\frac{\partial S}{\partial A}=0 \quad \text{より} \qquad \omega^2-\frac{g}{l}+\frac{g}{8l}A^2=0$$

を満たさねばならないことがわかる．したがって $A\ll 1$ として

$$\omega^2=\frac{g}{l}\left(1-\frac{A^2}{8}\right) \qquad \therefore \quad \omega=\sqrt{\frac{g}{l}}\left(1-\frac{A^2}{16}\right)$$

が求められる．ゆえに振幅が増すと周期は次のように増加する．

$$\text{周期}=\frac{2\pi}{\omega}=2\pi\sqrt{\frac{l}{g}}\left(1+\frac{A^2}{16}\right)$$

第 4 章

問題1　ラグランジュ関数(2.19)から

$$p_x=\frac{\partial L}{\partial \dot{x}}=m\dot{x}+eA_x, \qquad p_y=\frac{\partial L}{\partial \dot{y}}=m\dot{y}+eA_y, \qquad p_z=\frac{\partial L}{\partial \dot{z}}=m\dot{z}+eA_z$$

まとめてベクトルで書けば

$$\boldsymbol{p}=m\dot{\boldsymbol{r}}+e\boldsymbol{A}$$

問題2

$$H=\frac{1}{2m}{p_x}^2+\frac{1}{2}m\omega^2x^2$$

であるから

$$\begin{cases} \dfrac{dx}{dt}=\dfrac{\partial H}{\partial p_x} \longrightarrow \dfrac{dx}{dt}=\dfrac{1}{m}p_x & \text{(i)} \\ \dfrac{dp_x}{dt}=-\dfrac{\partial H}{\partial x} \longrightarrow \dfrac{dp_x}{dt}=-m\omega^2\boldsymbol{x} & \text{(ii)} \end{cases}$$

となる．(i)から $p_x=m\dot{x}$ を得，(ii)に代入して

$$m\ddot{x} = -m\omega^2 x$$

という当然の結果が導かれる．

問題 3　正準方程式で確かめても同じことであるが，そうするまでもなく，代表点が x 方向に動く速さは分子の実際の速さと一致し，p_x/m に等しい．したがって微小領域の時間変化は図のようになり，明らかに面積は不変である．端のところについては，図 4-4 を x 軸に沿ってハサミで切り離し，下半部を 180° 回軸して RO′ と QO′ をつなぎ，P→Q = R→S が一直線になるようにしてやればよい．

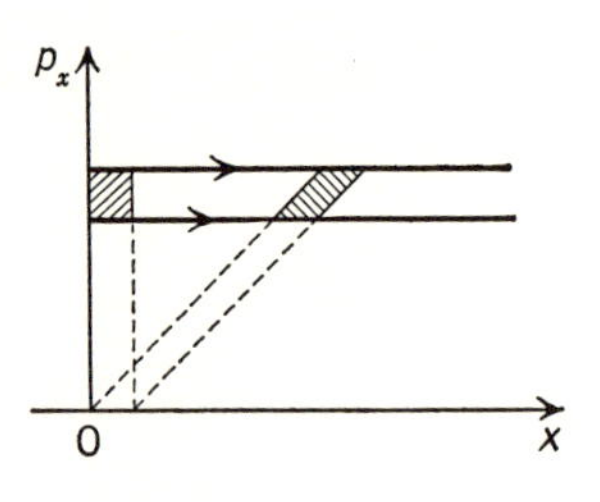

問題 4　略．

問題 5　$$P = \tan^{-1}\frac{q}{p}, \quad Q = -\frac{1}{2}(p^2+q^2), \quad \mathcal{H} = -\omega Q$$

問題 6　$$Q = \frac{p}{m\omega}, \quad P = -m\omega q, \quad \mathcal{H} = \frac{1}{2m}P^2+\frac{1}{2}m\omega^2 Q^2$$

[演習問題]

[1]　一般化運動量の定義とラグランジュの方程式

$$p_i = \frac{\partial L}{\partial \dot{q}_i}, \quad \frac{d}{dt}\left(\frac{\partial L}{\partial \dot{q}_i}\right) = \frac{\partial L}{\partial q_i} \longrightarrow \dot{p}_i = \frac{\partial L}{\partial q_i}$$

を用いると

$$\begin{aligned} dH &= \sum_i(\dot{q}_i dp_i+p_i d\dot{q}_i)-\sum_i\left(\frac{\partial L}{\partial q_i}dq_i+\frac{\partial L}{\partial \dot{q}_i}d\dot{q}_i\right) \\ &= \sum_i(\dot{q}_i dp_i+p_i d\dot{q}_i-\dot{p}_i dq_i-p_i d\dot{q}_i) \\ &= \sum_i(\dot{q}_i dp_i-\dot{p}_i dq_i) \end{aligned}$$

また，$H(q_1, \cdots, q_f, p_1, \cdots, p_f, t)$ の微小変化は数学的に

$$dH = \sum_i\left(\frac{\partial H}{\partial q_i}dq_i+\frac{\partial H}{\partial p_i}dp_i\right)$$

と書けるから，上の式とくらべることにより

$$\dot{q}_i = \frac{\partial H}{\partial p_i}, \quad \dot{p}_i = -\frac{\partial H}{\partial q_i}$$

[2]　ハミルトニアンは

$$H = \frac{1}{2m}\left(p_r{}^2 + \frac{1}{r^2}p_\theta{}^2\right) - \frac{C}{r}$$

であるから，$\dot{p}_\theta=0$ より　$p_\theta=\alpha$ (定数).

また

$$\dot{p}_r = \frac{\alpha^2}{mr^3} - \frac{C}{r^2}$$

$$\dot{r} = \frac{p_r}{m}$$

エネルギー保存の式は

$$E = \frac{1}{2m}p_r{}^2 + \frac{\alpha^2}{2mr^2} - \frac{C}{r}$$

となる．円運動 ($\dot{p}_r=0$) のときには $r=r_0=\alpha^2/Cm$ であるから，これに近い運動を調べるときには

$$r = r_0 + \varDelta r$$

として $\varDelta r$ の高次の項を省略することができる．そうすると

$$\dot{p}_r = -\frac{m^3C^4}{\alpha^6}(r-r_0)$$

$$E = \frac{1}{2m}p_r{}^2 + \frac{m}{2}\left(\frac{mC^2}{\alpha^3}\right)^2(r-r_0)^2 - \frac{mC^2}{2\alpha^2}$$

となる．これを1次元調和振動子の場合(4-3節)とくらべると，

$$x \to r - r_0$$

$$p_x \to p_r$$

$$E \to E + \frac{mC^2}{2\alpha^2}$$

$$\omega \to \frac{mC^2}{\alpha^3}$$

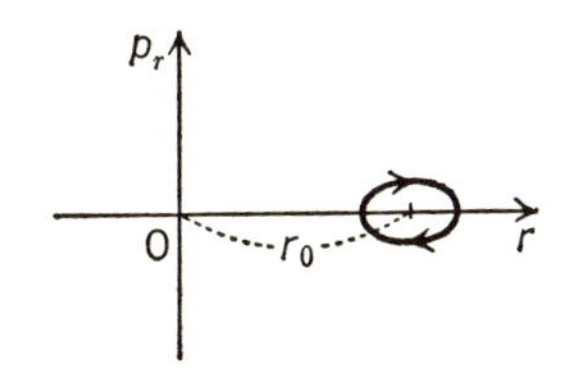

のように対応することがわかる．したがって，位相空間のうちの r, p_r の部分は，図のような楕円になる.

p_θ は定数 $(=\alpha)$ であるが，$p_\theta=mr^2\dot{\theta}$ であるから

$$\dot{\theta} \fallingdotseq \frac{\alpha}{mr_0{}^2}$$

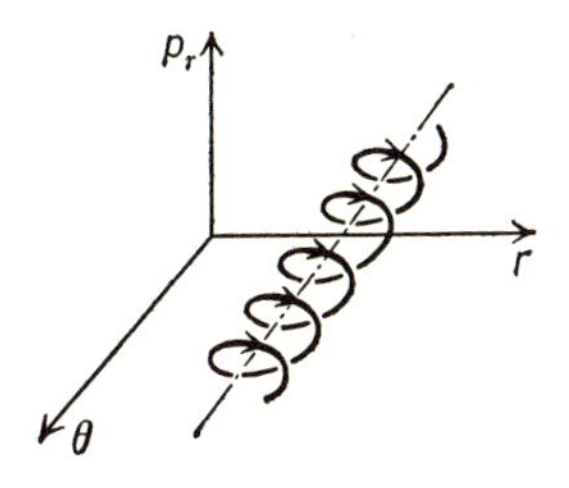

となる．したがって，位相空間のうちの r, θ, p_r の3次元の部分を考えると，ラセン状の「運動」になっていることがわかる．

[3] 4-6節で扱ったように(図4-6)，位相空間内の円運動にした場合には，角速度が一定なので，リウビルの定理が成立していることは自明である，もとの x-p_x 空間はこれを単に縦横に縮小あるいは拡大したものなので，やはり面積は保存される．

[4] 略.

[5] 第1式から

$$e^Q = \frac{\sin p}{q} \qquad \therefore \quad q = e^{-Q}\sin p$$

第2式に入れて

$$P = e^{-Q}\cos p$$

(4.26)式と見くらべると，母関数

$$W = e^{-Q}\cos p$$

による正準変換であることがわかる．

[6] x, y, z を q_1, q_2, q_3 とし，r, θ, ϕ を Q_1, Q_2, Q_3 とみなせば，

$$p_1 = p_x, \qquad p_2 = p_y, \qquad p_3 = p_z$$
$$P_1 = p_r, \qquad P_2 = p_\theta, \qquad P_3 = p_\phi$$

ということになり，与えられた W は $W(p, Q)$ の形になっていることがわかる．したがって，(4.26)を適用すればよい

$$x = -\frac{\partial W}{\partial p_x} = r\sin\theta\cos\phi$$

$$y = -\frac{\partial W}{\partial p_y} = r\sin\theta\sin\phi$$

$$z = -\frac{\partial W}{\partial p_z} = r\cos\theta$$

$$p_r = -\frac{\partial W}{\partial r} = p_x\sin\theta\cos\phi + p_y\sin\theta\sin\phi + p_z\cos\theta$$

$$p_\theta = -\frac{\partial W}{\partial \theta} = p_x r\cos\theta\cos\phi + p_y r\cos\theta\sin\phi - p_z r\sin\theta$$

$$p_\phi = -\frac{\partial W}{\partial \phi} = -p_x r\sin\theta\sin\phi + p_y r\sin\theta\cos\phi$$

[7] ハミルトン関数は

$$H = \frac{1}{2m}(p_x{}^2 + p_y{}^2 + p_z{}^2)$$

であるから，(4.41)に相当するのは

$$\left(\frac{\partial S}{\partial x}\right)^2+\left(\frac{\partial S}{\partial y}\right)^2+\left(\frac{\partial S}{\partial z}\right)^2 = 2mE$$

となる．変数分離のため S を

$$S = X(x)+Y(y)+Z(z)$$

とおく．上に代入して

$$\left(\frac{dX}{dx}\right)^2+\left(\frac{dY}{dy}\right)^2+\left(\frac{dZ}{dz}\right)^2 = 2mE$$

とすれば，左辺の各項は定数でなければならないから

$$\frac{dX}{dx} = a, \qquad \frac{dY}{dy} = b, \qquad \frac{dZ}{dz} = c$$

したがって

$$S = ax+by+cz, \qquad W = ax+by+cz-Et$$

となる．定数は a, b, c, E の 4 個のように見えるが，

$$2mE = a^2+b^2+c^2$$

という関係があるので，どれか 1 つは他の 3 個で表わされ，独立なのは 3 つだけである．(4.43)でやったように E, b, c を採用し，$a=\sqrt{2mE-b^2-c^2}$ と考えることにすると，(4.43)は

$$p_x = a, \qquad p_y = b, \qquad p_z = c \tag{i}$$

$$\beta_1 = \frac{\partial a}{\partial E}x-t = \frac{m}{a}x-t \tag{ii}$$

$$\beta_2 = \frac{\partial a}{\partial b}x+y = -\frac{b}{a}x+y \tag{iii}$$

$$\beta_3 = \frac{\partial a}{\partial c}x+z = -\frac{c}{a}x+z \tag{iv}$$

となる．

$$a = mv_x, \qquad b = mv_y, \qquad c = mv_z$$

とおけば，

(ii)は　$x = v_xt+$定数

となり，これを代入すると

(iii)は　$y = v_yt+$定数

(iv)は　$z = v_zt+$定数

もちろん E は

$$E=\frac{m}{2}(v_x{}^2+v_y{}^2+v_z{}^2)$$

［8］ 鉛直上向きにz軸をとると，ハミルトン関数は

$$H=\frac{1}{2m}(p_x{}^2+p_y{}^2+p_z{}^2)+mgz$$

であるから，Sをきめる方程式は

$$\frac{1}{2m}\left\{\left(\frac{\partial S}{\partial x}\right)^2+\left(\frac{\partial S}{\partial y}\right)^2+\left(\frac{\partial S}{\partial z}\right)^2\right\}+mgz=E$$

となる．変数分離のため

$$S=X(x)+Y(y)+Z(z)$$

とおくと，［7］のときと同様にして

$$\frac{dX}{dx}=a,\qquad \frac{dY}{dy}=b,\qquad \frac{dZ}{dz}=\sqrt{2m(c-mgz)}$$

$$E=\frac{1}{2m}(a^2+b^2)+c$$

が得られる．これから

$$X=ax,\qquad Y=by,\qquad Z=\int\sqrt{2m(c-mgz)}\,dz$$

$$\therefore\quad S=ax+by+\int\sqrt{2m(c-mgz)}\,dz$$

(4.43)により

$$p_x=a,\qquad p_y=b,\qquad p_z=\sqrt{2m(c-mgz)}$$

cをα_1とみなし，E, a, bを独立な積分定数と考えよう．そうすると

$$c=E-\frac{1}{2m}(a^2+b^2)\qquad \therefore\quad 2mc=2mE-a^2-b^2$$

となるから

$$\beta_1=\frac{\partial S}{\partial E}-t=\int\frac{mdz}{\sqrt{2m(c-mgz)}}-t=-\frac{\sqrt{2m(c-mgz)}}{mg}-t \tag{i}$$

$$\beta_2=\frac{\partial S}{\partial a}=x-\int\frac{adz}{\sqrt{2m(c-mgz)}}=x+\frac{a}{m^2g}\sqrt{2m(c-mgz)} \tag{ii}$$

$$\beta_3=\frac{\partial S}{\partial b}=y-\int\frac{bdz}{\sqrt{2m(c-mgz)}}=y+\frac{b}{m^2g}\sqrt{2m(c-mgz)} \tag{iii}$$

が得られる．ふつうの記号になおそう．

$$a=mv_x,\qquad b=mv_y$$

とおくと，

$$c = E - \frac{1}{2}m({v_x}^2 + {v_y}^2)$$

は z 方向のエネルギーになっている．(i)を変形すれば

$$z = -\frac{g}{2}t^2 + v_0 t + z_0$$

が容易に得られる．v_0, z_0 は c と β_1 の代りに出てきた定数である．また，(i)を(ii)と(iii)に入れれば

$$x = x_0 + v_x t, \qquad y = y_0 + v_y t$$

を得る．

第　5　章

問題1　略.

問題2　ラグランジュ関数は

$$L = \frac{ml^2}{2}(2\dot{\theta}_1{}^2 + 2\dot{\theta}_1\dot{\theta}_2 + \dot{\theta}_2{}^2) - \frac{mgl}{2}(2\theta_1{}^2 + \theta_2{}^2)$$

であるから

$$(K_{ij}) = \begin{pmatrix} 2ml^2 & ml^2 \\ ml^2 & ml^2 \end{pmatrix}, \qquad (c_{ij}) = \begin{pmatrix} 2mgl & 0 \\ 0 & mgl \end{pmatrix}$$

となり，永年方程式は(全体を ml^2 で割り，$\gamma = g/l$ として)

$$\begin{vmatrix} 2\omega^2 - 2\gamma & \omega^2 \\ \omega^2 & \omega^2 - \gamma \end{vmatrix} = 0$$

となる．これから

$$\omega^2 = \frac{\sqrt{2}}{\sqrt{2} \pm 1}\gamma = (2 \mp \sqrt{2})\gamma$$

$$\therefore \quad \omega_1 = \sqrt{(2-\sqrt{2})\gamma}, \qquad \omega_2 = \sqrt{(2+\sqrt{2})\gamma}$$

問題3　(5.18 b)で $i \to j$ としたものを(5.12)に入れると

$$\sum_j \sum_k K_{ij} A_j{}^{(k)} \ddot{Q}_k(t) + \sum_j \sum_k c_{ij} A_j{}^{(k)} Q_k(t) = 0$$

を得るが，(5.14)により

$$\sum_j c_{ij} A_j{}^{(k)} = \sum_j K_{ij} \omega_k{}^2 A_j{}^{(k)}$$

であるから，これを入れると

$$\sum_j \sum_k K_{ij} A_j{}^{(k)} [\ddot{Q}_k(t) + \omega_k{}^2 Q_k(t)] = 0$$

となる．これに $A_i^{(l)}$ をかけて $\sum_i$ とすると，(5.15)と(5.16)をまとめた

$$\sum_i \sum_j K_{ij} A_i^{(l)} A_j^{(k)} = \delta_{lk}$$

により

$$\sum_k \delta_{lk} [\ddot{Q}_k(t) + \omega_k^2 Q_k(t)] = 0$$

すなわち

$$\ddot{Q}_l(t) + \omega_l^2 Q_l(t) = 0$$

問題4　$q_2=0$，$Q_1=0$ で $Q_2 \neq 0$ なのだから

$$Y_1 - Y_2 = 0, \qquad MY_0 + m(Y_1 + Y_2) = 0$$

より，

$$Y_1 = Y_2 = -\frac{M}{2m} Y_0 \qquad \text{(O と C は反対向きに変位)}$$

[演習問題]

[1]　バネの定数を k，おもりの平衡点からの変位を x_1, x_2 とする．

$$T = \frac{1}{2} m(\dot{x}_1^2 + \dot{x}_2^2)$$

$$U = \frac{1}{2} k\{x_1^2 + (x_2 - x_1)^2\}$$

であるから，$\sqrt{m}\, x_1 = q_1$，$\sqrt{m}\, x_2 = q_2$，$k/m = \kappa$ として

$$L = \frac{1}{2}(\dot{q}_1^2 + \dot{q}_2^2) - \frac{1}{2}\kappa\{q_1^2 + (q_2 - q_1)^2\}$$

を得る．下側のバネの伸びを変数にとると T に交差項が現われて，このように $K_{ij} = \delta_{ij}$ とできないので，うるさいから避けた方がとくである．

ラグランジュの方程式は

$$\ddot{q}_1 = -\kappa(2q_1 - q_2), \qquad \ddot{q}_2 = -\kappa(q_2 - q_1)$$

となり

$$(K_{ij}) = \begin{pmatrix} 1 & 0 \\ 0 & 1 \end{pmatrix}, \qquad (c_{ij}) = \begin{pmatrix} 2\kappa & -\kappa \\ -\kappa & \kappa \end{pmatrix}$$

であるから，永年方程式は

$$\begin{vmatrix} \omega^2 - 2\kappa & \kappa \\ \kappa & \omega^2 - \kappa \end{vmatrix} = 0 \qquad \therefore \quad \omega_1^2 = \frac{\kappa}{2}(3 - \sqrt{5}), \qquad \omega_2^2 = \frac{\kappa}{2}(3 + \sqrt{5})$$

これに対する規格化された $\boldsymbol{A}^{(1)}, \boldsymbol{A}^{(2)}$ は

$$A^{(1)}=\left(\frac{2}{\sqrt{10+2\sqrt{5}}},\ \frac{\sqrt{5}+1}{\sqrt{10+2\sqrt{5}}}\right)$$

$$A^{(2)}=\left(\frac{2}{\sqrt{10-2\sqrt{5}}},\ -\frac{\sqrt{5}-1}{\sqrt{10-2\sqrt{5}}}\right)$$

基準座標は

$$Q_1=\frac{2}{\sqrt{10+2\sqrt{5}}}q_1+\frac{\sqrt{5}+1}{\sqrt{10+2\sqrt{5}}}q_2=\sqrt{\frac{m}{10+2\sqrt{5}}}\{2x_1+(\sqrt{5}+1)x_2\}$$

$$Q_2=\frac{2}{\sqrt{10-2\sqrt{5}}}q_1-\frac{\sqrt{5}-1}{\sqrt{10-2\sqrt{5}}}q_2=\sqrt{\frac{m}{10-2\sqrt{5}}}\{2x_1-(\sqrt{5}-1)x_2\}$$

［2］ (5.18 b)式は $q_i=\sum_k A_i{}^{(k)}Q_k$，したがって $\dot{q}_i=\sum_k A_i{}^{(k)}\dot{Q}_k$ であるから，(5.15)と(5.16)を用いて

$$T=\frac{1}{2}\sum_{i,j}K_{ij}\dot{q}_i\dot{q}_j=\frac{1}{2}\sum_{l,k}\sum_{i,j}K_{ij}A_i{}^{(l)}A_j{}^{(k)}\dot{Q}_l\dot{Q}_k$$

$$=\frac{1}{2}\sum_{l,k}\delta_{lk}\dot{Q}_l\dot{Q}_k=\frac{1}{2}\sum_k\dot{Q}_k{}^2$$

となることがわかる．また，U に対しては132ページの式(i)を援用して

$$U=\frac{1}{2}\sum_{i,j}c_{ij}q_iq_j=\frac{1}{2}\sum_{i,j}\sum_{l,k}c_{ij}A_i{}^{(l)}A_j{}^{(k)}Q_lQ_k$$

$$=\frac{1}{2}\sum_{l,k}\sum_{i,j}K_{ij}\omega_k{}^2A_i{}^{(l)}A_j{}^{(k)}Q_lQ_k$$

$$=\frac{1}{2}\sum_{l,k}\delta_{lk}\omega_k{}^2Q_lQ_k=\frac{1}{2}\sum_k\omega_k{}^2Q_k{}^2$$

を得るから

$$L=T-U=\frac{1}{2}\sum_k\dot{Q}_k{}^2-\frac{1}{2}\sum_k\omega_k{}^2Q_k{}^2=\sum_k\left(\frac{1}{2}\dot{Q}_k{}^2-\frac{1}{2}\omega_k{}^2Q_k{}^2\right)$$

［3］ C-O 結合(ボンド)の伸縮に対する弾性定数を λ とすると

$$L=\frac{1}{2}\{M\dot{X}_0{}^2+m(\dot{X}_1{}^2+\dot{X}_2{}^2)\}-\frac{\lambda}{2}\{(X_1-X_0)^2+(X_2-X_0)^2\}$$

$$=\frac{1}{2}\{M\dot{X}_0{}^2+m(\dot{X}_1{}^2+\dot{X}_2{}^2)\}-\frac{\lambda}{2}\{2X_0{}^2+X_1{}^2+X_2{}^2-2X_0(X_1+X_2)\}$$

$$q_0=\sqrt{M}X_0,\qquad q_1=\sqrt{\frac{m}{2}}(X_1+X_2),\qquad q_2=\sqrt{\frac{m}{2}}(X_1-X_2)$$

とすると

$$L=\frac{1}{2}(\dot{q}_0{}^2+\dot{q}_1{}^2+\dot{q}_2{}^2)-\frac{\lambda}{2}\left\{\frac{2}{M}q_0{}^2+\frac{1}{m}(q_1{}^2+q_2{}^2)-\sqrt{\frac{8}{Mm}}q_0q_1\right\}$$

となるから，q_2は独立な調和振動子で，q_0とq_1が連成振動を形成する．q_2に対するラグランジュの方程式は

$$\ddot{q}_2=-\frac{\lambda}{m}q_2 \qquad \therefore \quad \omega_2=\sqrt{\frac{\lambda}{m}}$$

q_0とq_1については

$$\ddot{q}_0=-\frac{2\lambda}{M}q_0+\sqrt{\frac{2}{Mm}}\lambda q_1$$

$$\ddot{q}_1=\sqrt{\frac{2}{Mm}}\lambda q_0-\frac{\lambda}{m}q_1$$

となる．永年方程式は

$$\begin{vmatrix} \omega^2-\dfrac{2\lambda}{M} & \sqrt{\dfrac{2}{Mm}}\lambda \\ \sqrt{\dfrac{2}{Mm}}\lambda & \omega^2-\dfrac{\lambda}{m} \end{vmatrix}=0$$

となって，その根は

$$\omega_0{}^2=0, \qquad \omega_1{}^2=\left(\frac{2}{M}+\frac{1}{m}\right)\lambda$$

これらに対する$\boldsymbol{A}^{(0)}, \boldsymbol{A}^{(1)}$を求めると

$$\omega_0=0: \qquad A_1{}^{(0)}=\sqrt{\frac{M}{M+2m}}, \quad A_2{}^{(0)}=\sqrt{\frac{2m}{M+2m}}$$

$$\omega_1=\sqrt{\frac{2\lambda}{M}+\frac{\lambda}{m}}: \quad A_1{}^{(1)}=\sqrt{\frac{2m}{M+2m}}, \quad A_2{}^{(1)}=-\sqrt{\frac{M}{M+2m}}$$

したがって

$$Q_0=\sqrt{\frac{M}{M+2m}}q_0+\sqrt{\frac{2m}{M+2m}}q_1=\frac{MX_0+m(X_1+X_2)}{\sqrt{M+2m}}$$

は重心運動(並進運動)であり

$$Q_1=\sqrt{\frac{2m}{M+2m}}q_0-\sqrt{\frac{M}{M+2m}}q_1=\sqrt{\frac{Mm}{2(M+2m)}}\{2X_0-(X_1+X_2)\}$$

は図の(a)のような伸縮振動を表わす($X_1=X_2=-(M/2m)X_0$)．また

$$q_2=\sqrt{\frac{m}{2}}(X_1-X_2)$$

は中央のCが動かず，左右の酸素原子が逆向きに等距離だけ動いて，Cに近づいたり遠

ざかったりする伸縮振動を表わす．$\omega_1>\omega_2$ である．

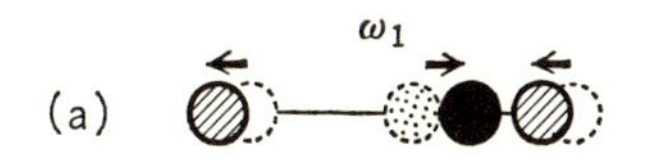

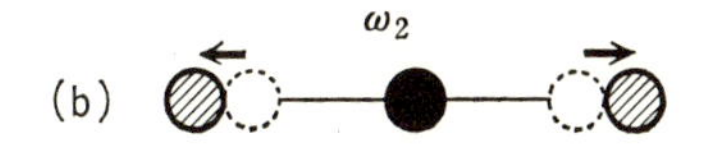

以上の計算と本文の5-5節とを総合すると，CO_2 分子がもつ自由度9は，x, y, z 方向の並進運動，分子軸に垂直な2つの直線(互いに垂直)のまわりの回転，2種の伸縮振動，縮退した2つの変角振動，の合計9個の自由度に再編されることがわかる．分子軸のまわりの回転がないのは，CO_2 が直線状分子で，各原子が質点として扱われているからである．

索引

タ 行

ナ 行

ハ 行

マ，ヤ 行

ラ 行

小出昭一郎

1927-2008年．東京生まれ．1950年東京大学理学部物理学科卒業．東京大学教授，山梨大学学長，山梨県立女子短期大学学長を歴任．この間1962-64年，ジュネーブ大学招聘教授．理学博士．専攻は物性理論．
著書に『量子力学(I, II)』(裳華房)，『力学』(岩波全書)，『物理現象のフーリエ解析』(東京大学出版会)など．

物理入門コース 新装版
解析力学

1983年 2月14日 初版第1刷発行
2017年 2月22日 初版第42刷発行
2017年12月 5日 新装版第1刷発行
2024年 4月15日 新装版第8刷発行

著　者　小出昭一郎（こいでしょういちろう）

発行者　坂本政謙

発行所　株式会社 岩波書店
〒101-8002 東京都千代田区一ツ橋 2-5-5
電話案内 03-5210-4000
https://www.iwanami.co.jp/

印刷・理想社　表紙・半七印刷　製本・牧製本

ISBN 978-4-00-029862-9　　Printed in Japan